中国非法贸易动物鉴定丛书

非法贸易动物及制品鉴定

——两栖爬行动物篇

胡诗佳　潘麒嫣　阳建春　主编

广东科技出版社
全国优秀出版社
· 广 州 ·

图书在版编目（CIP）数据

非法贸易动物及制品鉴定. 两栖爬行动物篇/胡诗佳，潘麒嫣，阳建春主编. —广州：
广东科技出版社，2023.7
（中国非法贸易动物鉴定丛书）
ISBN 978-7-5359-7954-4

Ⅰ.①非… Ⅱ.①胡… ②潘… ③阳… Ⅲ.①野生动物—两栖动物—鉴别②野生动物—爬行纲—鉴别③野生动物—两栖动物—动物产品—鉴别④野生动物—爬行纲—动物产品—鉴别 Ⅳ.①Q959②S874

中国版本图书馆CIP数据核字（2022）第184787号

非法贸易动物及制品鉴定——两栖爬行动物篇
Feifa Maoyi Dongwu ji Zhipin Jianding——Liangqi Paxing Dongwu Pian

出 版 人：严奉强
项目策划：罗孝政 尉义明
责任编辑：区燕宜 于 焦
封面设计：柳国雄
责任校对：曾乐慧 李云柯
责任印制：彭海波
出版发行：广东科技出版社
　　　　　（广州市环市东路水荫路 11 号 邮政编码：510075）
销售热线：020-37607413
https://www.gdstp.com.cn
E-mail：gdkjbw@nfcb.com.cn
经　　销：广东新华发行集团股份有限公司
印　　刷：广州市彩源印刷有限公司
　　　　　（广州市黄埔区百合三路 8 号 邮政编码：510700）
规　　格：787 mm×1 092 mm 1/16 印张 10.75 字数 230 千
版　　次：2023 年 7 月第 1 版
　　　　　2023 年 7 月第 1 次印刷
定　　价：108.00 元

如发现因印装质量问题影响阅读，请与广东科技出版社印制室联系调换（电话：020-37607272）。

前　言
Foreword

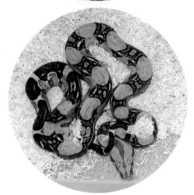

野生动物及其制品是人类赖以生存的重要物质资源,其经济、社会及生态价值不断被人类认识和开发。近几十年来,全球野生动物贸易日益繁荣,非法野生动物贸易也随之日益活跃。据联合国环境规划署估计,近年来全球野生动物非法贸易金额每年约200亿美元,且被非法贸易的野生动物主要是濒危物种。

野生动物非法贸易是一个全球性问题,具有全域性和多样性特征,严重影响全球生物多样性、生态系统服务功能、公共安全及动物福利,会大幅度降低自然资源质量,严重破坏生态系统稳定,加速疾病蔓延,最终损害人与自然共同的健康和福利。1999—2018年全球每个国家都有参与野生动物非法贸易的记录。为了维护生物多样性和生态平衡,推进生态文明建设,近年来我国及时修订了《中华人民共和国野生动物保护法》。《中华人民共和国刑法》也对破坏野生动物资源的行为划定了红线,对野生动物非法贸易坚持从严惩治原则。

本项目内容来源于华南动物物种环境损害司法鉴定中心(原华南野生动物物种鉴定中心)近20年受理的全国各地执法机关委托鉴定的有关涉案动物及制品1万余宗案件,以及鉴定的非法贸易野生动物近1 100个物种(其中濒危物种近800个,个体数量上千万只,各类制品超过1亿件)。编者通过归纳总结上述鉴定成果,系统梳理非法贸易野生动物及其制品检材的照片，最终挑选出近500个非法贸易野生动物物种（亚种）及其制品的高质量照片3 000余张，从多角度反映非法贸易野生动物及其制品的多项指标特征。结合相关文献资料，设计本套丛书，图文并茂、全方位地反映近年来我国野生动物非法贸易的种类、类型、分布等信息，并系统、完整、科学描述与展示，以期让非专业人士对我国野生动物非法贸易的状况及重点类群有比较清楚和全面的认识，甚至能够快速识别常见非法贸易野生动物类群及类型。丛书的出版可为保护野生动物、打击野生动物非法贸易提供专业支持，也可为促进我国生态文明建设等提供翔实的基础资料和科学的理论指导。

本书物种保护级别中，"国家一级"是指国家一级保护野生动物，"国家二级"是指国家二级保护野生动物，"国家'三有'"是指有重要生态、科学、社会价值的陆生野生动物，"CITES附录"是指《濒危野生动植物种国际贸易公约》附录物种，"未列入"是指未列入最新的国家保护名录和国际公约附录的物种，"非保护"是指曾未列入国家保护名录和国际公约附录的物种。

本书的分类系统主要参考《濒危野生动植物种国际贸易公约》（CITES）附录（2023年版）、《国家重点保护野生动物名录》（国家林业和草原局、农业农村部公告2021年第3号，自2021年2月1日起施行）《有重要生态、科学、社会价值的陆生野生动物名录》（国家林业和草原局公告2023年第17号，自2023年6月26日起施行）和《中国两栖、爬行动物更新名录》。随着分类研究的进步，动物分类地位也存在变动，部分物种的中文名可能会与其他专著不一致，分类阶元归属以拉丁学名为准。书中列出的物种保护级别和分布地，读者在参考时还需查阅最新发布的文件。限于编者水平，本书存在的不足和错误之处，恳请专家和读者批评指正。

编　者
2023年7月

目　录
c o n t e n t s

短吻鼍 *Caiman* spp. 别名：凯门鳄

分类地位　爬行纲 REPTILIA 鳄目 CROCODYLIA 鼍科 Alligatoridae
保护级别　核准为国家二级（仅限野外种群）、CITES 附录 I 或附录 II　**贸易类型**　皮张
分　布　中美洲、南美洲

◉ **鉴别特征**　中小型鳄鱼；体窄长；皮革较硬、骨化较严重；皮张背部具坚硬突出的项鳞、背鳞，项鳞数目较多，与背鳞相连，背鳞数目多且较松散排列；腹面鳞片呈长方形，有微小孔状凹凸；尾长，尾鬣鳞发达。

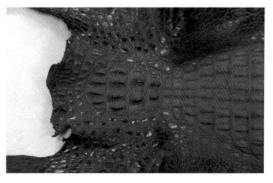

1

暹罗鳄 *Crocodylus siamensis*

分类地位	爬行纲 REPTILIA 鳄目 CROCODYLIA 鳄科 Crocodylidae
保护级别	核准为国家二级（仅限野外种群）、CITES附录 I
贸易类型	活体、死体、皮制品等　　　　分　布　东南亚

👁 **鉴别特征**　中型鳄鱼；两眼眶前有1对尖利的棱脊；后枕鳞由4块稍大的鳞片组成，排成一横排，左右对称，鳞片彼此分开；项鳞6块排列成群，中间4块排成一正方形，正方形外侧各附一鳞；上体呈浅棕绿色，带有黑色斑点，尾和背上有暗横带斑；腹部呈白色或淡黄白色。

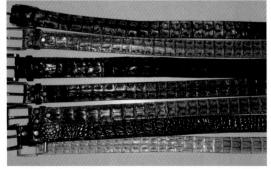

变色树蜥 *Calotes versicolor*

分类地位	爬行纲REPTILIA 有鳞目SQUAMATA 鬣蜥科Agamidae

保护级别 国家"三有"　　　　贸易类型 活体、死体

分　布 广东、广西、海南等；南亚、东南亚

⊙ **鉴别特征** 体侧扁；吻端钝圆，鼓膜裸露，眼周具黑褐色辐射纹；背鬣发达，体表鳞片覆瓦状排列，均起棱，体背褐色或灰褐色，具不规则横斑；尾长约为头体长的3倍，尾部具深浅相间的横斑。

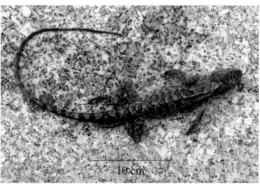

横纹长鬣蜥 *Intellagama lesueurii* 别名：澳洲水龙

分类地位	爬行纲 REPTILIA 有鳞目 SQUAMATA 鬣蜥科 Agamidae

保护级别　非保护　　　　贸易类型　活体

分布　澳大利亚

◉ **鉴别特征**　眼后有1条宽阔的黑色纵纹；体表覆盖细鳞，背脊鬣鳞较发达，体背通常为灰褐色，体背至尾部具黑色带纹；四肢强健；尾长约为总体长的2/3。

蜡皮蜥 *Leiolepis reevesii*

分类地位	爬行纲REPTILIA 有鳞目SQUAMATA 鬣蜥科Agamidae
保护级别	国家二级
分　布	广东、广西、海南等；东南亚

贸易类型　活体、死体

◉ **鉴别特征**　体较扁平；头部高而窄长，头顶无对称大鳞，吻端圆钝，颈部皮肤松、固定后呈皱褶状；体背深棕色，自头后至尾基部密布橘色小圆斑，四肢及尾背密布沙色小圆斑，体侧具双色相间的横纹；四肢强健，后肢较长；尾部较发达，尾基部粗壮而宽扁。

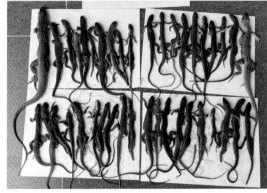

10 cm

长鬣蜥 *Physignathus cocincinus* 别名：中国水龙

分类地位	爬行纲 REPTILIA 有鳞目 SQUAMATA 鬣蜥科 Agamidae
保护级别	国家二级、CITES 附录 II　　　　**贸易类型** 活体、死体
分　布	广东、广西、云南；东南亚

◎ **鉴别特征**　头呈四棱锥形，吻较圆钝，吻棱显著，鼓膜裸露；自头颈至尾前部具发达的鬣刺，体背暗绿色或绿褐色，体侧具灰色细纹、斜行排列；前肢腋下橘黄色，腹面黄绿色；四肢发达；尾部侧扁、具黑色环纹。

刺尾蜥 *Uromastyx* spp.

分类地位	爬行纲 REPTILIA 有鳞目 SQUAMATA 鬣蜥科 Agamidae
保护级别	CITES 附录 II

贸易类型 活体

◉ **鉴别特征**　全长多为 30～45 cm；头部较小，眼大；体色多变，躯体扁平，体侧具明显的皮肤褶，背部常缀有斑点与网状纹；尾部短且粗大，具环状鳞片，尾背鳞片带有棘刺。

*埃及刺尾蜥（*Uromastyx aegyptia*）
别名：埃及王者蜥，分布于埃及、以色列、沙特阿拉伯等。

*苏丹刺尾蜥（*Uromastyx dispar*）
分布于苏丹、马里、阿尔及利亚等。

*眼斑刺尾蜥（*Uromastyx ocellata*）

别名：孔雀王者蜥，分布于苏丹、埃及、索马里等。

*饰纹刺尾蜥（*Uromastyx ornate*）

别名：华丽王者蜥，分布于中东。

盔甲避役 *Chamaeleo calyptratus* 别名：高冠变色龙

分类地位 爬行纲 REPTILIA 有鳞目 SQUAMATA 避役科 Chamaeleonidae

保护级别 CITES 附录 II　　　　**贸易类型** 活体

分　布 也门、沙特阿拉伯

◉ **鉴别特征** 体侧扁；头顶由骨板构成高耸如高帽般的头冠，眼小，眼球突出，两眼可独立转动、聚焦；体背中央具鬣鳞，体色多变；从颚部到泄殖腔具锯缘状的棘；四肢长，每2～3趾合并为二组对趾；尾长，端部可卷曲。

9

睫角守宫 *Correlophus ciliatus*

澳虎科

分类地位 爬行纲 REPTILIA 有鳞目 SQUAMATA 澳虎科 Diplodactylidae

保护级别 非保护　　　　**贸易类型** 活体

分　布 新喀里多尼亚

◉ 鉴别特征 头部扁三角形，耳孔较大，眼大，无眼睑，眼部周围具睫毛状突起，从双眼往后延伸至尾部具突出的棘状鳞；体色和花纹多变，体表覆盖颗粒状细鳞；四肢趾垫具刚毛；尾端具吸盘。

耳多趾虎 *Rhacodactylus auriculatus* 别名：盖勾亚守宫

分类地位 爬行纲 REPTILIA 有鳞目 SQUAMATA 澳虎科 Diplodactylidae

保护级别 非保护　　　　　　　　　**贸易类型** 活体

分　布 新喀里多尼亚

5 cm

◉ **鉴别特征** 体较纤细；头部具角状突起，颈部较细；体色多变，花纹主要为直线型和网格型；体侧及体腹较光滑；四肢较纤细；尾部较长。

澳虎科

多趾虎 *Rhacodactylus leachianus* 别名：巨人守宫

分类地位	爬行纲 REPTILIA 有鳞目 SQUAMATA 澳虎科 Diplodactylidae
保护级别	非保护
分　　布	新喀里多尼亚

贸易类型 活体

👁 **鉴别特征** 体大而粗壮；头、颈区分不明显；皮肤细密柔软，体侧具有松散的皮肤褶，体色多变，体背多具不规则斑纹和斑点；腹面色浅；指、趾端扩展，具利爪；尾较短。

斑睑虎 *Eublepharis macularius* 别名：豹纹守宫

分类地位	爬行纲 REPTILIA 有鳞目 SQUAMATA 睑虎科 Eublepharidae

保护级别	非保护	贸易类型	活体

分　布	巴基斯坦、印度、阿富汗等

◉ **鉴别特征**　体较扁平；眼部具可活动的眼睑，吻部较尖；体背满布疣粒，体背通常为黄色至橙色，覆盖大小不一的深色斑点；腹面白色；脚趾无黏膜和吸盘；尾部较粗短、尾尖细长。

壁虎科

大壁虎 *Gekko gecko* 别名：大守宫、蛤蚧

分类地位	爬行纲 REPTILIA 有鳞目 SQUAMATA 壁虎科 Gekkonidae
保护级别	国家二级、CITES 附录 II
分布	广西、云南、香港等；南亚、东南亚

贸易类型 活体、死体、干制品

◉ **鉴别特征** 体粗壮略扁平，成体全长可达 30 cm 以上；头大、略呈三角形；体背蓝灰色或紫灰色，具砖红色及蓝灰色花斑，自颈部开始，蓝灰色花斑形成窄横斑，通体被小粒鳞，其间杂以较大的圆形疣粒，缀成纵行；腹面灰白色、具砖红色斑；指、趾端扩张。

5 cm

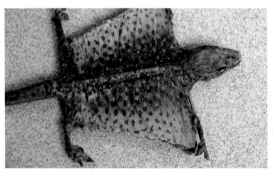

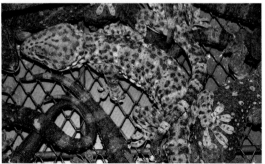

黑疣大壁虎 *Gekko reevesii* 别名：岩栖大壁虎、蛤蚧

| 分类地位 | 爬行纲 REPTILIA 有鳞目 SQUAMATA 壁虎科 Gekkonidae |

| 保护级别 | 国家二级 | 贸易类型 | 活体、死体、干制品 |

| 分　布 | 广东、福建、云南等；越南 |

◉ **鉴别特征**　体粗壮、较扁平，成体全长可达30 cm以上；头大、略呈三角形；体背蓝灰色或灰褐色，具红褐色、黑褐色及灰白色花斑，自颈部开始，灰白色花斑形成窄横斑，通体被小粒鳞，其间杂以圆形疣粒，缀成纵行；指、趾端扩张。

毒蜥科

钝尾毒蜥 *Heloderma suspectum* 别名：吉拉毒蜥

分类地位	爬行纲REPTILIA 有鳞目SQUAMATA 毒蜥科Helodermatidae

保护级别	CITES附录 II	贸易类型	活体

分　布	美国、墨西哥

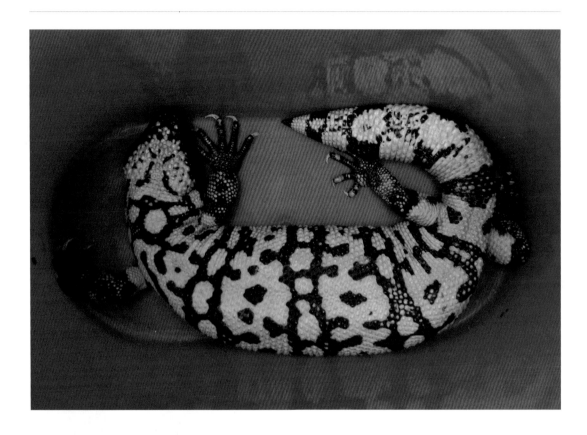

◉ **鉴别特征**　头部扁圆且宽，颈部和尾部较粗短；头前部和四肢为黑色，体黄色或橘色，表面布满不规则深色斑纹，躯体和四肢鳞片呈圆形的连珠状；尾部具宽阔的深色环纹。

 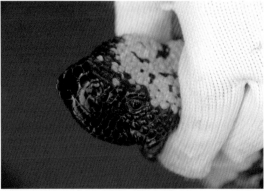

黑栉尾蜥 *Ctenosaura similis*　别名：中美洲刺尾鬣蜥

(**分类地位**) 爬行纲REPTILIA有鳞目SQUAMATA美洲鬣蜥科Iguanidae

(**保护级别**) CITES附录Ⅱ　　　　(**贸易类型**) 活体

(**分　布**) 中美洲

◉ **鉴别特征**　头部较窄，背部中央具鬣鳞；体色呈灰色或浅褐色，具数条平行排列的深色横斑；尾部长，显著侧扁，具棘突。

美洲鬣蜥科

犀牛鬣蜥 *Cyclura cornuta*

分类地位 爬行纲REPTILIA 有鳞目SQUAMATA 美洲鬣蜥科Iguanidae

保护级别 CITES附录Ⅰ   贸易类型 活体

分　布 西印度群岛诸小岛

◉ **鉴别特征**　体大而粗壮，头部及躯干部大；眼前端具突出的形似犀角状大鳞，雄性头背具瘤状突起，其下颚肌肉发达并鼓出；体背面灰色或棕灰色，背部正中自颈延伸至尾具较发达的鬣鳞；四肢健壮，趾爪发达；尾圆且长。

绿鬣蜥 *Iguana iguana*

分类地位	爬行纲 REPTILIA 有鳞目 SQUAMATA 美洲鬣蜥科 Iguanidae
保护级别	CITES 附录 II **贸易类型** 活体
分　布	中美洲、南美洲

👁 **鉴别特征** 头部较窄，吻部较圆，鼓膜明显，腮部有一大而圆的鳞片；背中央具有发达的鬣鳞，体被覆细鳞，体背通常为亮绿色；四肢发达，指、趾端具锐爪；尾部细长，有深色斑纹。

南草蜥 *Takydromus sexlineatus*

分类地位	爬行纲REPTILIA 有鳞目SQUAMATA 蜥蜴科Lacertidae	
保护级别	国家"三有"	贸易类型 活体
分　布	广东、福建、海南等；印度、缅甸、马来西亚等	

◉ **鉴别特征** 体细长，尾长为头体长3倍以上；吻端稍尖窄；体背橄榄褐色或红褐色，背鳞起棱，背中段具起棱大鳞4纵行；我国分布的南草蜥眼斑亚种（*Takydromus sexlineatus ocellatus*）体侧具零散分布的镶黑边的绿色小圆斑；腹面灰白色。

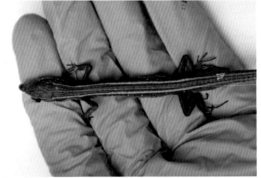

侏儒刺尾岩蜥 *Egernia depressa*

分类地位 爬行纲 REPTILIA 有鳞目 SQUAMATA 石龙子科 Scincidae

保护级别 CITES 附录 III（澳大利亚）　　　　**贸易类型** 活体

分　布 澳大利亚

◉ **鉴别特征** 体扁平；头部较小，头部鳞片不隆起、后缘无刺；体呈褐色，体中后部至尾部杂有不规则的深色横向条纹，背鳞后缘具棘刺；四肢较长；尾部扁短、具后弯棘刺。

巨柔蜥 *Tiliqua gigas* 别名：巨型蓝舌蜥

分类地位	爬行纲REPTILIA 有鳞目SQUAMATA 石龙子科Scincidae
保护级别	非保护
贸易类型	活体
分　布	巴布亚新几内亚、印度尼西亚

◉ 鉴别特征 体粗头大，体表光滑；眼后无黑斑，具蓝色舌头；体背呈棕色、具数条黑色斜纹；四肢短、呈黑色或具黑斑点。

5 cm

粗皮柔蜥 *Tiliqua rugosa*　别名：松果蜥

分类地位	爬行纲 REPTILIA 有鳞目 SQUAMATA 石龙子科 Scincidae
保护级别	CITES 附录 III（澳大利亚）　　**贸易类型**　活体
分　布	澳大利亚

👁 **鉴别特征**　体肥大；头大、呈三角形，眼小，具蓝色舌头；身体和尾巴的鳞片大、呈覆瓦状排列，形似松果；四肢短而宽；尾部形状与头部形状相似。

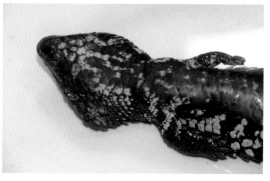

石龙子科

细三棱蜥 *Tribolonotus gracilis*　别名：红眼鹰蜥

分类地位	爬行纲 REPTILIA 有鳞目 SQUAMATA 石龙子科 Scincidae

保护级别	非保护	贸易类型	活体

分　布	新几内亚岛及外围岛屿

◉ **鉴别特征**　头部三角形，呈头盔状，眼睛周围具橘红色的眼圈；通体黑褐色，体背由颈部至尾根部具4列明显的棱状突起，全身具粗糙的鳞片和刺状小突起；腹面黄白色。

鳄蜥 *Shinisaurus crocodilurus*

分类地位	爬行纲REPTILIA 有鳞目SQUAMATA 鳄蜥科Shinisauridae

分类地位 爬行纲REPTILIA 有鳞目SQUAMATA 鳄蜥科Shinisauridae

保护级别 国家一级、CITES附录 I 　**贸易类型** 活体、死体

分　布 广西、广东；越南

◉ **鉴别特征** 头略呈方形，头部和体侧棕黄色，吻短而钝圆，颈短，枕部有一横沟，向下延至口角后端，眼周具深褐色辐射纹，头腹面及体侧多呈红褐色；形似鳄，体背和体侧被粒鳞，其间布有起棱的黑褐色大鳞；尾侧扁、具多道深色环纹，尾背有大鳞形成2行明显的纵脊。

美洲蜥蜴科

萨尔瓦托蜥 *Salvator* spp.

分类地位 爬行纲 REPTILIA 有鳞目 SQUAMATA 美洲蜥蜴科 Teiidae

保护级别 CITES 附录 II　　　　　　　**贸易类型** 活体

👁 **鉴别特征** 体粗壮；头顶具对称大鳞，头部两侧各有2片与吻顶鳞片相接的颊鳞，颈部短粗，嘴大而有力；体背布满宽条纹；四肢粗壮，尾长、近圆柱形，四肢、尾均具斑纹，爪较锋利。

*阿根廷黑白泰加蜥（*Salvator merianae*）
分布于阿根廷、巴拉圭、巴西等。

 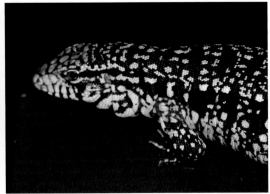

*红泰加蜥（*Salvator rufescens*）
分布于阿根廷、巴拉圭、玻利维亚等。

西非巨蜥 *Varanus exanthematicus* 别名：平原巨蜥、草原巨蜥

分类地位	爬行纲 REPTILIA 有鳞目 SQUAMATA 巨蜥科 Varanidae
保护级别	CITES 附录 II **贸易类型** 活体、死体
分 布	非洲

⦿ **鉴别特征** 体粗壮而扁平；头部短且宽，颈部短，具细长蓝色叉状舌头；体背灰褐色，上缀有多行黄色至橙色的圆点；四肢具锐爪；尾部短且粗。

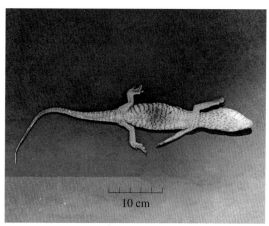

10 cm

尼罗河巨蜥 *Varanus niloticus*

分类地位	爬行纲REPTILIA 有鳞目SQUAMATA 巨蜥科 Varanidae
保护级别	CITES附录II
分 布	非洲

贸易类型 活体、死体

👁 **鉴别特征** 头部长，吻尖，颈部明显，鼻孔浑圆，头背具浅色宽条纹，幼体斑纹明显，头侧有一黑斑贯穿眼睛；体背深黑褐色或橄榄色，上缀有黑褐色和黄白色相间的条带状斑纹；四肢细长，趾背具黑白相间的斑纹；尾部长且侧扁，具黄色带状纹。

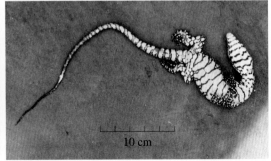

10 cm

巨蜥科

圆鼻巨蜥 *Varanus salvator*　别名：巨蜥、五爪金龙

分类地位	爬行纲 REPTILIA 有鳞目 SQUAMATA 巨蜥科 Varanidae

保护级别　国家一级、CITES 附录 II　　**贸易类型**　活体、死体、皮张等

分　布　广东、广西、海南等；印度、缅甸、泰国等

◉ **鉴别特征**　体粗壮而扁平；头部窄长，颈部长，鼻孔圆形，靠近吻端；头部、体背黑褐色，散有黄色纹，腋胯部间有黄色圆斑形成的5条环纹；体腹黄色；四肢强壮具利爪；尾长、侧扁。

红尾蚺 *Boa constrictor* 别名：巨蚺

分类地位 爬行纲 REPTILIA 有鳞目 SQUAMATA 蚺科 Boidae

保护级别 CITES附录Ⅱ［红尾蚺阿根廷亚种（*Boa constrictor occidentalis*）被列入附录Ⅰ］

贸易类型 活体　　　　　　分　布 中美洲、南美洲、小安的列斯群岛

◉ **鉴别特征**　大型蛇类，部分亚种成体全长可达 400 cm 以上；头、颈区分明显，吻长且前端较宽，头背无规则排列的大鳞，眼后具深色条纹，头背部具深色直条纹；体色变化较大，多为灰棕色或红棕色，体背具鞍形斑块；尾部呈明显砖红色纹路。

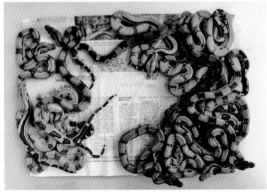

绿瘦蛇 *Ahaetulla prasina*

分类地位	爬行纲 REPTILIA 有鳞目 SQUAMATA 游蛇科 Colubridae

保护级别	国家"三有"	贸易类型	活体、死体

分　布	广东、福建、广西等；印度、缅甸、菲律宾等

◉ 鉴别特征　中型蛇类；体瘦尾长，头窄长，头颈区分明显，吻尖颈细，瞳孔呈一横线，眼前、后各有一凹槽；背鳞光滑，身体两侧鳞片窄长，呈倾斜排列；体色常见绿色、蓝绿色、黄褐色；腹面颜色略浅；尾特长。

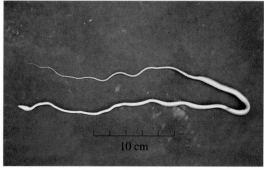

10 cm

繁花林蛇 *Boiga multomaculata*

分类地位	爬行纲REPTILIA 有鳞目SQUAMATA 游蛇科Colubridae

保护级别	国家"三有"	贸易类型	活体、死体

分　布	广东、福建、广西；印度、缅甸、泰国等

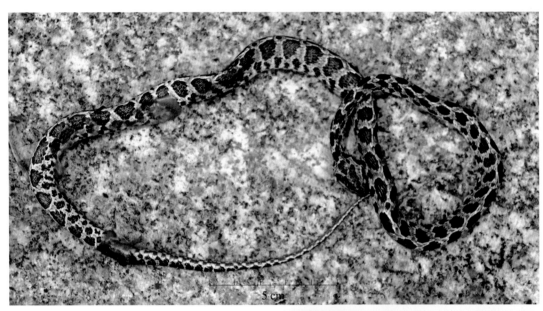

5 cm

👁 **鉴别特征**　中型蛇类；头较大，略呈三角形，与颈部区分明显，头背部有一黑色近"八"字形斑，自吻两侧经眼至口角有黑褐色斑纹；背鳞平滑无棱；体背灰褐色，背脊两侧各具1列镶黑边的深褐色大斑，靠近腹侧为深褐色小斑；体腹污白色，每一腹鳞具数个三角形褐斑。

三索蛇 *Coelognathus radiatus* 别名：三索锦蛇、三索颌腔蛇

分类地位	爬行纲REPTILIA 有鳞目SQUAMATA 游蛇科Colubridae
保护级别	国家二级
贸易类型	活体、死体
分　布	广东、福建、广西等；南亚、东南亚

◉ **鉴别特征**　中大型蛇类；头略大，与颈区分明显，头侧眼后向下有3条放射状黑色纹，枕后有一黑色横斑；背鳞中央数行起棱；体背棕黄色，身体前段有4条断续的黑色纵纹，靠近背中央的较粗，纵纹在体后段逐渐模糊直至不清；体腹面浅黄色。

王锦蛇 *Elaphe carinata*

分类地位 爬行纲REPTILIA 有鳞目SQUAMATA 游蛇科Colubridae

保护级别 国家"三有"（仅限野外种群） **贸易类型** 活体、死体

分 布 中国多省（区）广泛分布；越南、日本

◉ **鉴别特征** 大型蛇类；体粗壮；头背鳞缘和鳞沟黑色，形成似"王"字样的斑纹；背鳞除最外1～2行平滑外，其余均强烈起棱；体背颜色多见黄色、黄绿色、橄榄绿色等，体前段至中段具多个宽大的黑色横斑，体后段及尾部因鳞沟色黑而呈黑网纹；腹面黄色，腹鳞边缘呈黑色。

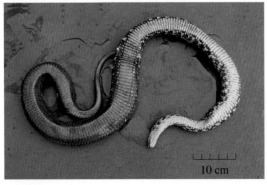

10 cm

黑眉锦蛇 *Elaphe taeniura*　别名：黑眉晨蛇

分类地位	爬行纲REPTILIA 有鳞目SQUAMATA 游蛇科 Colubridae
保护级别	国家"三有"　　　**贸易类型**　活体、死体
分　布	中国多省（区）广泛分布；印度、缅甸、泰国等

◉ **鉴别特征**　大型蛇类；头部较长，与颈部区分明显，眼后具一粗大的黑色眉纹，唇部黄色；体背黄绿色或灰棕色，体前段具黑色梯状或蝴蝶状斑纹，至后段逐渐不显，体后部至尾端两侧具黑色纵带纹；体腹黄白色，具黑褐色方块状色斑。

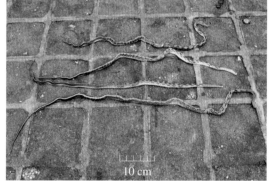

玉斑锦蛇 *Euprepiophis mandarina* 别名：玉斑丽蛇

分类地位	爬行纲REPTILIA 有鳞目SQUAMATA 游蛇科Colubridae
保护级别	国家"三有"

贸易类型	活体、死体

分　布 中国多省（区）广泛分布；印度、越南、缅甸等

10 cm

◉ **鉴别特征** 中型蛇类；头呈椭圆形，头背具3道似弧形黑斑，其中第三道黑斑呈倒"V"形；背鳞光滑无棱；体背面灰褐色或黄褐色，自颈至尾具1行艳丽的菱形大斑块、斑周黑色、中央黄色；腹面灰白色、具左右交错或对称排列的黑色斑块。

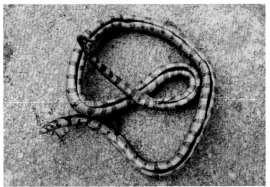

红尾树栖锦蛇 *Gonyosoma oxycephalum* 别名：红尾鼠蛇、红尾游蛇

分类地位 爬行纲 REPTILIA 有鳞目 SQUAMATA 游蛇科 Colubridae

保护级别 非保护　　　　　　　　**贸易类型** 活体

分　布 印度、印度尼西亚、马来西亚等

◉ **鉴别特征** 大型蛇类；头部绿色、具深色贯眼纹，把头部分成绿色的头顶和黄绿色的唇部；体色鲜艳，多呈亮绿色；尾较细长、呈棕色或红色。

黄链蛇 *Lycodon flavozonatus*

分类地位	爬行纲 REPTILIA 有鳞目 SQUAMATA 游蛇科 Colubridae

保护级别	国家"三有"	贸易类型	活体、死体

分　布	广东、福建、广西等；缅甸、越南

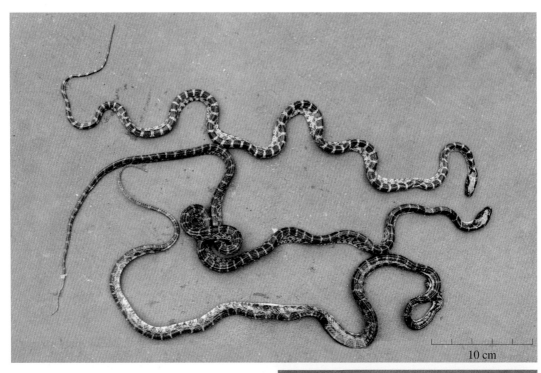

10 cm

◉ **鉴别特征**　中型蛇类；头部较扁，眼小，头部、体背黑色，枕部有1个黄色"∧"形斑；背鳞中央5～9行微起棱，17-17-15行；体背和尾部具有多个黄色窄横纹；体腹白色；尾部细长。

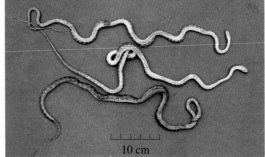

10 cm

赤链蛇 *Lycodon rufozonatus*

分类地位	爬行纲 REPTILIA 有鳞目 SQUAMATA 游蛇科 Colubridae
保护级别	国家"三有"　　　　　　　　**贸易类型** 活体、死体
分　布	中国多省（区）广泛分布；朝鲜、日本、老挝等

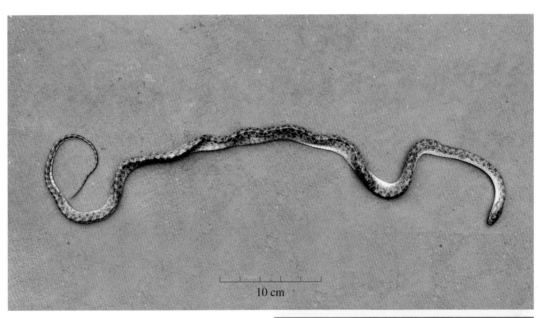

10 cm

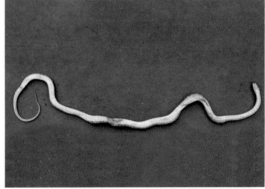

◉ **鉴别特征** 中型蛇类；头部宽扁，可与颈部区分，眼大，枕部有红色"∧"形斑（有时不显）；背鳞中段光滑，后段中央1～3行微棱；体背黑褐色，具多个红色窄横斑；体腹面污白色。

黑背白环蛇 *Lycodon ruhstrati*　别名：黑背链蛇

分类地位	爬行纲REPTILIA 有鳞目SQUAMATA 游蛇科 Colubridae
保护级别	国家"三有"　　　**贸易类型**　活体、死体
分　布	中国多省（区）广泛分布；越南、老挝

◉ **鉴别特征**　中型蛇类；头较扁平，头、颈区分明显，吻钝圆；背鳞光滑或中央数行微棱，17-17-15行；体背黑褐色，自颈至尾具多道波状污白色横斑，尾部横斑则成为完整环纹，体中后段横斑中央散有斑点；体腹面白色，散有深色斑点；幼体枕部具一宽大的白色横斑。

台湾小头蛇 *Oligodon formosanus*

分类地位 爬行纲REPTILIA有鳞目SQUAMATA游蛇科Colubridae

保护级别 国家"三有"　　　　　　　**贸易类型** 活体、死体

分　布 长江以南多省（区）广泛分布；越南

游蛇科

◉ **鉴别特征**　中型蛇类；头较短小，与颈区分不明显，头背具有略似"灭"字形的黑棕色斑；背鳞19-19-17（15）行，光滑；体背面棕褐色，自颈至尾形成等距的黑褐色横波纹；体腹面黄白色，两侧杂以细斑。

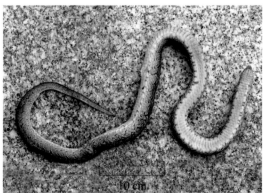

41

游蛇科

红纹滞卵蛇 *Oocatochus rufodorsatus* 别名：红点锦蛇

分类地位	爬行纲 REPTILIA 有鳞目 SQUAMATA 游蛇科 Colubridae

保护级别	国家"三有"	贸易类型	活体、死体

分 布	中国多省（区）广泛分布；俄罗斯、朝鲜

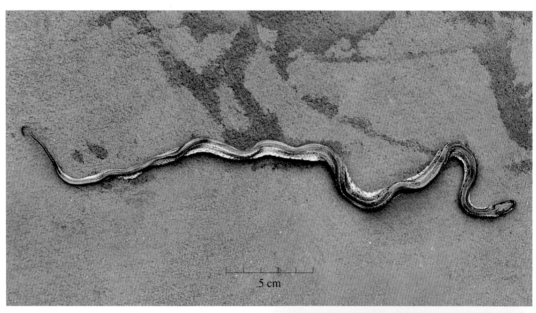

5 cm

◉ **鉴别特征** 中型蛇类；头椭圆形，头背具3道"∧"形深棕色斑；背鳞光滑；体背前段具4条由镶棕黑色边的红点连接而成的棕黑色纵纹，3条浅色纵纹与此4条纵纹相间，背脊正中的1条为红色，两侧的2条为灰褐色；腹面浅黄色，散以棋盘状黑斑。

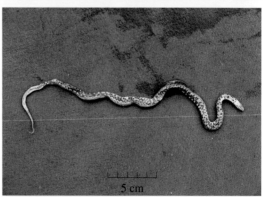

5 cm

紫灰锦蛇 *Oreocryptophis porphyraceus* 别名：紫灰蛇

分类地位	爬行纲 REPTILIA 有鳞目 SQUAMATA 游蛇科 Colubridae

保护级别 国家"三有" **贸易类型** 活体、死体

分　布 秦岭-淮河以南多省（区）广泛分布；印度、缅甸、泰国等

◉ **鉴别特征** 中型蛇类；头较长，头背具3条黑色短纵纹；背鳞光滑无棱，19-19-17行；体背面紫铜色，自颈至尾具数个镶深色边的大横斑块，体侧各有1条黑色纵纹；体腹面白色或淡紫色。

乌梢蛇 *Ptyas dhumnades*

分类地位	爬行纲REPTILIA 有鳞目SQUAMATA 游蛇科Colubridae

保护级别	国家"三有"	贸易类型	活体、死体、干制品

分　布	中国多省（区）广泛分布

◉ 鉴别特征　大型蛇类；头较长、呈椭圆形，眼大；背鳞行数为偶数，背鳞中央2～4行起棱；体背面灰褐色或棕黑色，背脊两侧各有1条纵贯全身的黑色线纹，老年个体后段纵纹不显；腹面黄白色。

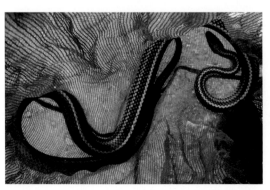

灰鼠蛇 *Ptyas korros*

(分类地位) 爬行纲 REPTILIA 有鳞目 SQUAMATA 游蛇科 Colubridae

(保护级别) 国家"三有"（仅限野外种群） (贸易类型) 活体、死体、干制品

(分　布) 广东、福建、广西等；印度、泰国、印度尼西亚等

◉ **鉴别特征**　中大型蛇类；体细长；头大，眼大而圆；背鳞15-15-11行；体背棕褐色或灰褐色，体后部鳞缘颜色较深，形成网状纹；唇缘和体腹面黄色。

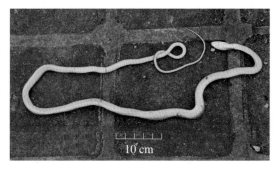

10 cm

10 cm

翠青蛇 *Ptyas major*

分类地位	爬行纲REPTILIA 有鳞目SQUAMATA 游蛇科 Colubridae

保护级别	国家"三有"	贸易类型	活体、死体

分 布	黄河以南大部分省（区）；越南、老挝

10 cm

◉ **鉴别特征**　中型蛇类；吻端窄圆，眼大；背鳞光滑无棱，仅部分个体后部数行微棱，通体15行；背面草绿色；腹面黄绿色；尾较长。

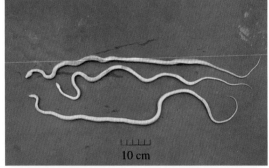

10 cm

46

滑鼠蛇 *Ptyas mucosa*

分类地位 爬行纲REPTILIA 有鳞目SQUAMATA 游蛇科Colubridae

保护级别 国家"三有"（仅限野外种群）、CITES附录Ⅱ   贸易类型 活体、死体

分　布 长江以南多省（区）广泛分布；印度、阿富汗、缅甸等

◉ **鉴别特征**　大型蛇类；体粗壮；头较长，眼大而圆，上唇鳞、下唇鳞后缘黑色；背鳞19-17-14行，中央3～5行起棱；体背面棕褐色，具不规则横纹；体腹面黄白色，腹鳞边缘黑色。

金环蛇 *Bungarus fasciatus*

分类地位	爬行纲REPTILIA 有鳞目SQUAMATA 眼镜蛇科 Elapidae

保护级别	国家"三有"	贸易类型	活体、死体

分　布	广东、福建、广西等；印度、缅甸、越南等

⊙ 鉴别特征 中大型蛇类；头部椭圆形，头背部黑褐色；背鳞均为15行，光滑，背脊明显，脊棱扩大呈六角形；通身为黑黄相间的环纹，黑色环纹和黄色环纹几乎等宽；腹部灰白色；尾部极短，尾末端钝圆而略扁。

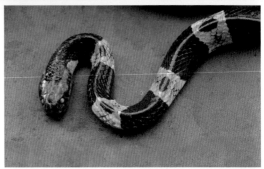

10 cm

银环蛇 *Bungarus multicinctus*

分类地位	爬行纲REPTILIA 有鳞目SQUAMATA 眼镜蛇科Elapidae
保护级别	国家"三有"
分　　布	长江以南多省(区)广泛分布;缅甸、越南、老挝等

贸易类型　活体、死体

◉ **鉴别特征**　中型蛇类;头椭圆形,与颈部可区分,头背黑褐色;背鳞通体15行,光滑,背脊明显,脊棱扩大呈六角形;体背黑色或蓝黑色,自颈至尾具数道白色窄横斑;腹面污白色;尾短,尾端尖细。

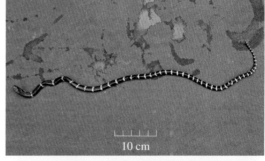

10 cm

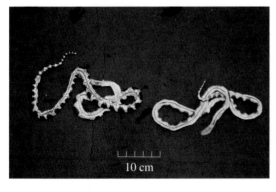

10 cm

眼镜蛇科

舟山眼镜蛇 *Naja atra*

分类地位	爬行纲REPTILIA 有鳞目SQUAMATA 眼镜蛇科 Elapidae
保护级别	国家"三有"、CITES 附录Ⅱ　　　**贸易类型**　活体、死体
分　布	长江以南多省（区）广泛分布；越南

👁 **鉴别特征**　中大型蛇类；体粗壮略扁；头椭圆形，与颈不易区分，无颊鳞，颈能扩扁，颈背具有眼镜状白斑；背鳞平滑无棱，斜形排列；头、体背灰黑色，多数个体自颈至尾具灰白色窄横纹；体腹面前段黄白色，颈部以下具1条黑色横斑，横斑前有1对黑斑点，腹中段以后逐渐变成暗灰色。

眼镜王蛇 *Ophiophagus hannah*

分类地位	爬行纲 REPTILIA 有鳞目 SQUAMATA 眼镜蛇科 Elapidae

保护级别	国家二级、CITES 附录 II	贸易类型	活体、死体

分　布	广东、福建、广西等；南亚、东南亚

◉ **鉴别特征**　大型蛇类；体粗壮；头部椭圆形，顶鳞后有1对大枕鳞；颈背具黄白色 "∧" 形宽斑；背鳞19（17）-15-15行，光滑，斜行排列；体背黑褐色，具黄白色横纹；体腹前段黄色，向后灰褐色，具有黑色线状斑纹。

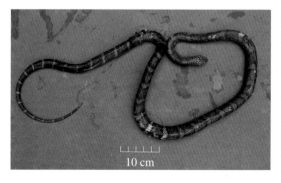

10 cm

10 cm

水蛇科

铅色水蛇 *Hypsiscopus murphyi*

分类地位	爬行纲REPTILIA 有鳞目SQUAMATA水蛇科Homalopsidae	
保护级别	未列入	贸易类型 活体、死体
分　布	长江以南多省（区）广泛分布；老挝、柬埔寨、泰国等	

◉ **鉴别特征**　小型蛇类；体短粗；吻钝；背鳞光滑；背面橄榄绿色、无斑点，鳞缘颜色较深，形成网状纹，最外侧背鳞暗灰色，相邻两行橙黄色；腹部黄白色，腹鳞鳞基及两侧带黑色，腹正中有黑色细斑点；尾短。

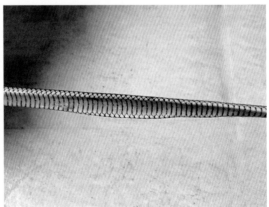

中国水蛇 *Myrrophis chinensis* 别名：中国沼蛇

分类地位	爬行纲REPTILIA 有鳞目SQUAMATA 水蛇科Homalopsidae

保护级别	未列入	贸易类型	活体、死体

分　布	长江以南多省（区）广泛分布；越南

👁 **鉴别特征**　中型蛇类；体短粗；头略大，吻钝；背鳞平滑无棱；体背橄榄绿色、土黄色或棕褐色，具大致排列成3纵行、大小不一的黑点，体两侧具醒目的橙红色带；腹面黄色，散有黑斑；尾短。

黄斑渔游蛇 *Fowlea flavipunctatus*

分类地位	爬行纲 REPTILIA 有鳞目 SQUAMATA 水游蛇科 Natricidae
保护级别	国家"三有" **贸易类型** 活体、死体
分 布	长江以南多省（区）广泛分布；印度、泰国、缅甸等

◉ **鉴别特征** 中型蛇类；头部长椭圆形，颈部有"V"形黑斑，眼下方有2条黑色斜纹，斜纹可达上唇缘；体背为黄褐色，体背和体侧具网纹斑和较大的黑斑，体中后段起逐渐不显；体腹污白色，腹鳞基部呈黑色。

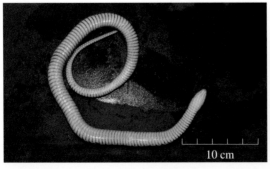

10 cm

颈棱蛇 *Pseudoagkistrodon rudis*

分类地位	爬行纲 REPTILIA 有鳞目 SQUAMATA 水游蛇科 Natricidae
保护级别	国家"三有"
贸易类型	活体、死体
分　　布	广东、福建、广西等

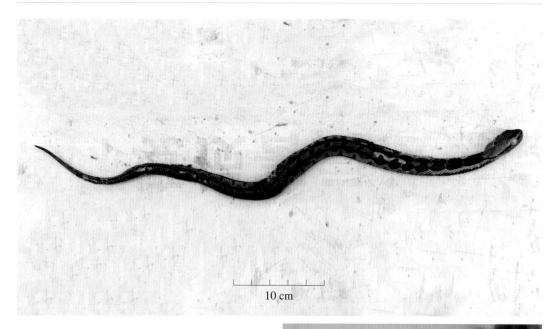

10 cm

◉ **鉴别特征**　中型蛇类；头部大，略呈三角形，与颈部区分明显，头背黑褐色（幼体头部黄褐色），喉部土黄色，有一细黑线自吻端经鼻孔、眼延伸至头颈处；背鳞强烈起棱；体背灰褐色，具成对排列的黑褐色大斑块，体前段的深色斑块多两两愈合成一块；体腹黄褐色，散有黑斑；尾细短。

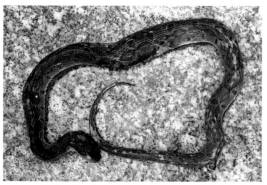

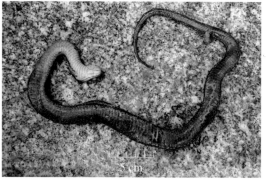

5 cm

水游蛇科

北方颈槽蛇 *Rhabdophis helleri*

分类地位	爬行纲 REPTILIA 有鳞目 SQUAMATA 水游蛇科 Natricidae	
保护级别	国家"三有"	贸易类型　活体、死体
分　布	广东、广西、福建等；印度、越南、缅甸等	

◉ **鉴别特征**　中型蛇类；头长，头、颈可区分，眼大、瞳孔圆形，吻钝圆，背颈部和躯体前部多呈红色，颈部受惊时平扁扩大，颈背中央具颈槽；背鳞除最外行平滑外，全部起棱；体背面橄榄绿色或灰绿色；体腹面黄白色；尾长。

赤链华游蛇 *Trimerodytes annularis*

分类地位	爬行纲 REPTILIA 有鳞目 SQUAMATA 水游蛇科 Natricidae

保护级别	国家"三有"	贸易类型	活体、死体

分　布	长江以南多省（区）广泛分布

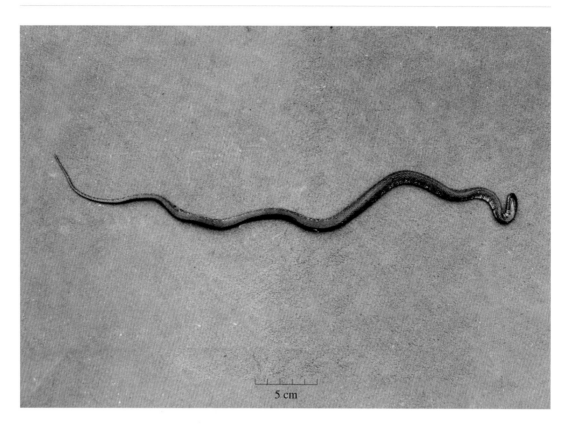

5 cm

◉ **鉴别特征**　中型蛇类；头、颈区分明显，吻钝圆，唇鳞鳞沟呈黑褐色，头腹面白色；背鳞最外一行平滑，其余均起棱，19-19-17行；体背灰褐色或暗棕色，自颈至尾具黑褐色横纹；体腹面橘红色或橙黄色，具相对或相错的黑斑块。

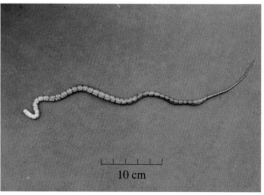

10 cm

横纹华游蛇 *Trimerodytes balteatus* 别名：横纹后棱蛇、横纹环游蛇

分类地位	爬行纲 REPTILIA 有鳞目 SQUAMATA 水游蛇科 Natricidae

保护级别	国家"三有"	贸易类型	活体、死体

分　布	广东、海南、香港等；越南

◉ **鉴别特征**　中型蛇类；头部略呈椭圆形，吻钝圆；背鳞中央11行起棱，19-19-17行；体背橄榄灰色，自颈部至尾部具镶黑边的黄色环纹，于体腹面会合成交错排列的黑横纹；尾部环纹完整。

横纹钝头蛇 *Pareas margaritophorus*

分类地位	爬行纲 REPTILIA 有鳞目 SQUAMATA 钝头蛇科 Pareidae
保护级别	国家"三有"
贸易类型	活体、死体
分　　布	广东、海南、香港等；东南亚

◉ 鉴别特征　小型蛇类；头部与颈部区分明显，眼较大、黑色；背鳞平滑无棱，通体15行；体背蓝灰色或蓝褐色，杂以黑白各半的鳞片彼此缀连成的短横斑；体腹污白色，杂以暗色斑。

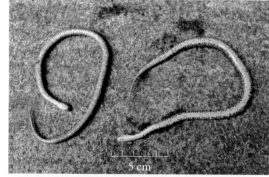

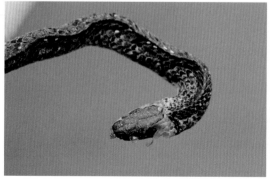

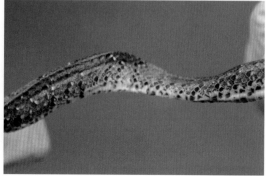

蟒科

网纹蟒 *Malayopython reticulatus*

分类地位　爬行纲 REPTILIA 有鳞目 SQUAMATA 蟒科 Pythonidae

保护级别　CITES 附录 II　　　　贸易类型　活体、皮张

分　布　东南亚

👁 **鉴别特征**　巨型蛇类；头背中央具一纵向黑色细条纹，另有 2 条细条纹贯穿橘红色眼眶；体背灰褐色或黄褐色，具复杂的钻石形黑褐色及黄色或浅灰色的网状斑花纹，背面光滑并覆盖细小鳞片；腹面淡黄色。

绿树蟒 *Morelia viridis*

分类地位	爬行纲 REPTILIA 有鳞目 SQUAMATA 蟒科 Pythonidae
保护级别	CITES 附录 Ⅱ	贸易类型	活体
分 布	印度尼西亚、巴布亚新几内亚、澳大利亚

◉ **鉴别特征** 中大型蛇类；体粗壮；头、颈区分明显，头部鳞片小、呈粒状，一条纹从鼻孔贯穿眼眶延伸至枕部，热窝仅在上唇鳞位置；体色和花纹多变，体背一般为绿色、杂以黄色和白色饰纹；腹部呈黄白色；尾长。

蟒蛇 *Python bivittatus* 别名：蟒、缅甸蟒

分类地位	爬行纲REPTILIA 有鳞目SQUAMATA 蟒科Pythonidae
保护级别	国家二级、CITES附录Ⅱ

贸易类型 活体、死体、皮制品等

分布 广东、福建、广西等；东南亚

◉ **鉴别特征** 巨型蛇类；体粗壮；吻端较扁平，头略呈等腰三角形，头背有对称大鳞，具棕褐色箭头状斑；体背棕褐色，背鳞较小，光滑无棱，体背和体侧有大块镶黑边的云豹状斑纹；体腹面淡黄色，腹泄殖腔孔两侧有退化的后肢残余。

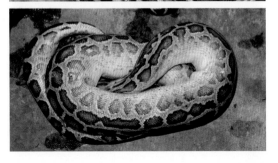

球蟒 *Python regius*

（分类地位）爬行纲 REPTILIA 有鳞目 SQUAMATA 蟒科 Pythonidae

（保护级别）CITES 附录 II   （贸易类型）活体

（分　布）非洲

蟒科

◉ **鉴别特征**　中大型蛇类；体较粗壮；头部大，与颈部区分明显，吻部扁平而圆钝，具唇窝，鼻孔至头后部过眼条纹及吻部呈黄色；体背表鳞平滑，体色和花纹多变，多有无规则圈纹或斑块；体腹奶油色；尾部细短。

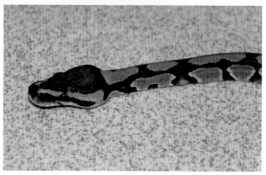

非洲岩蟒 *Python sebae*

分类地位	爬行纲REPTILIA 有鳞目SQUAMATA 蟒科Pythonidae
保护级别	CITES 附录II

贸易类型	皮张
分　布	非洲

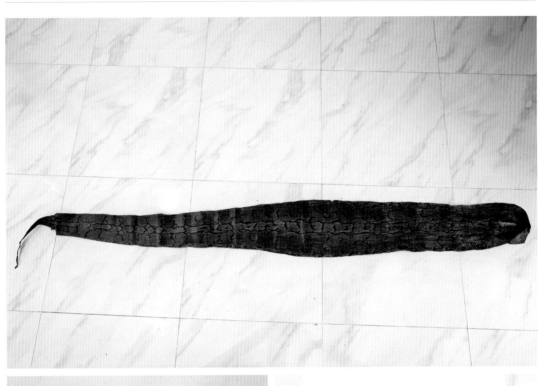

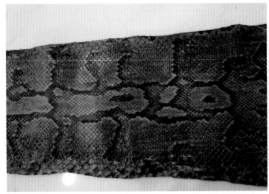 

◉ **鉴别特征**　巨型蛇类；皮张长条形，两头细，中间粗；皮张背部为棕黄色，杂以不规则的深棕色鞍形斑纹，背面光滑并覆盖细小鳞片；腹面黄白色，具暗色斑点。

泰国圆斑蝰 *Daboia siamensis*

分类地位	爬行纲 REPTILIA 有鳞目 SQUAMATA 蝰科 Viperidae

保护级别	国家二级	贸易类型	活体、死体、干制品

分布	广东、福建、台湾等；泰国、缅甸、印度尼西亚等

◉ **鉴别特征**　中型蛇类；体粗；头部较大、三角形，与颈部区分明显，无颊窝，头背部具"品"字形排列的3个深棕色斑；体背灰棕色，具3纵行椭圆形大斑块，每一个斑块中央紫褐色、周围黑色，中央一纵行与两侧圆斑交错排列；体腹灰白色、杂以黑斑；尾较短。

10 cm

10 cm

蛇科

尖吻蝮 *Deinagkistrodon acutus*

分类地位	爬行纲 REPTILIA 有鳞目 SQUAMATA 蝰科 Viperidae
保护级别	国家"三有"
分　布	长江以南多省（区）广泛分布；越南

贸易类型　活体、死体

👁 **鉴别特征**　中大型蛇类；头大，呈三角形，吻端有由吻鳞与鼻鳞形成的一短而上翘的突起，具颊窝，头背黑褐色；背鳞起棱；体背深棕色或棕褐色，具对称的三角形斑块；腹面白色，有交错排列的黑褐色斑块。

短尾蝮 *Gloydius brevicaudus*

分类地位 爬行纲REPTILIA 有鳞目SQUAMATA 蝰科 Viperidae

保护级别 国家"三有" **贸易类型** 活体、死体

分　布 中国多省（区）广泛分布；朝鲜、韩国

👁 **鉴别特征** 中型蛇类；体较粗短；头呈三角形，具其上镶白边的黑褐色眉纹，有颊窝；背鳞21-21-17行，背鳞除体中段最外行平滑外，其余均起棱；体背面有2行大圆斑，彼此并列或交错排列；腹面灰白色，散有斑点；尾短。

原矛头蝮 *Protobothrops mucrosquamatus*　别名：烙铁头

分类地位　爬行纲REPTILIA 有鳞目SQUAMATA 蝰科Viperidae

保护级别　国家"三有"　　　贸易类型　活体、死体

分　布　长江以南多省（区）广泛分布；印度、孟加拉国、缅甸等

◉ **鉴别特征**　中型蛇类；头部三角形，眼后具1道褐色细眉纹，具颊窝；体背褐色、自颈部至尾部正中具1行紫褐色链状斑，两侧各有1行较小的不规则斑；腹面污白色，杂以深色细斑点。

10 cm

两爪鳖 *Carettochelys insculpta* 别名：猪鼻龟

<u>分类地位</u>　爬行纲REPTILIA龟鳖目TESTUDINES两爪鳖科Carettochelyidae

<u>保护级别</u>　核准为国家二级（仅限野外种群）、CITES附录Ⅱ　　<u>贸易类型</u>　活体

<u>分　布</u>　巴布亚新几内亚、澳大利亚

◉ **鉴别特征**　头部无法缩入壳中，鼻管状突出，形如猪鼻；背甲灰黑色，无盾片，为一整体革质壳，两侧有1列浅色斑；腹甲奶白色或淡粉色，略呈"十"字形；前肢浆状、具2爪；尾被环状鳞。

红腹侧颈龟 *Emydura subglobosa* 别名：圆澳龟

分类地位	爬行纲 REPTILIA 龟鳖目 TESTUDINES 蛇颈龟科 Chelidae		
保护级别	非保护	贸易类型	活体
分　布	澳大利亚、巴布亚新几内亚		

◉ **鉴别特征** 头侧至吻过眉至颞具一奶黄色宽纵纹，上颌黄色，下颌红色，侧颈，具触须；背甲棕红色，缘盾边缘橙色；腹甲长、橙红色无斑，间喉盾将喉盾隔开，但不完全隔开肱盾；指、趾间具发达蹼。

希氏蟾龟 *Phrynops hilarii*

分类地位　爬行纲REPTILIA 龟鳖目TESTUDINES 蛇颈龟科Chelidae

保护级别　非保护　　　　　　　贸易类型　活体

分　布　巴西、乌拉圭、阿根廷等

◉ **鉴别特征**　头部较宽扁，头背灰色，自鼻孔延伸至颈部有一黑色细线纹，下颌具1对黑白相间的触须，侧颈；背甲扁平，灰褐色；腹甲黄白色、具黑色不规则斑点，腹盾13枚，间喉盾与喉盾并列；四肢灰色，指、趾间具蹼；尾部短。

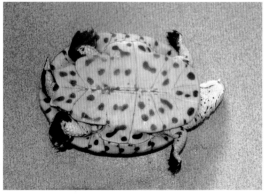

绿海龟 *Chelonia mydas* 别名：海龟

分类地位	爬行纲REPTILIA 龟鳖目TESTUDINES 海龟科Cheloniidae
保护级别	国家一级、CITES附录 I　　贸易类型　活体、标本
分　　布	山东以南的海域；太平洋、大西洋、印度洋

◉ **鉴别特征**　体庞大；头部前额鳞1对，上喙不呈鹰嘴状；背甲卵圆形，背甲壳坚硬，椎盾5枚，两侧肋盾各4枚，第一肋盾与颈盾不相连；下缘盾4枚，无孔；腹甲黄白色；四肢呈桨状，均具1爪。

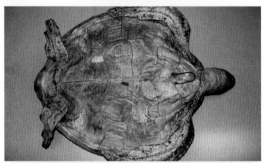

玳瑁 *Eretmochelys imbricata* 别名：十三鳞龟

分类地位 爬行纲 REPTILIA 龟鳖目 TESTUDINES 海龟科 Cheloniidae

保护级别 国家一级、CITES附录 I **贸易类型** 标本、背甲壳片及制品

分　布 广东、福建、海南等；太平洋、大西洋、印度洋

⊙ **鉴别特征** 体庞大；头部棕色，具2对前额鳞，上颚前端钩曲呈鹰嘴状；背甲棕色，后缘呈锯齿状，盾片呈覆瓦状排列，第一肋盾不与颈盾相接；腹甲黄白色，具2条纵棱；四肢呈桨状，均具2爪，尾短。

⊙ **玳瑁背甲壳片及制品鉴别特征** 背甲壳片形似瓦扇状，外凸内凹，边缘较薄，中间较厚，表面有黑色、棕褐色或乳黄色交错的花斑及云形纹，具蜡质至油脂光泽，微透明至半透明。样品浸泡到沸水中可变软，可任意弯曲，退温后变硬，无裂痕，经火灼烧，具蛋白质烧焦气味。

5 cm

拟鳄龟 *Chelydra serpentina* 别名：蛇鳄龟、小鳄龟

分类地位	爬行纲REPTILIA 龟鳖目TESTUDINES 鳄龟科Chelydridae

保护级别 CITES附录Ⅱ　　　　　　**贸易类型** 活体

分　布 加拿大、美国

◉ **鉴别特征**　上喙略钩曲；背甲黑褐色，3条脊棱呈锯齿状突起（老年个体不显），无上缘盾；腹甲显著小、呈灰白色，有多枚大而显著的下缘盾；尾背正中央具1列棘棱，四肢具锥形疣刺。

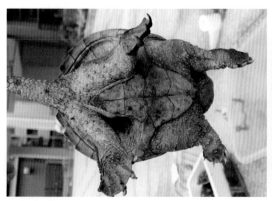

大鳄龟 *Macrochelys temminckii*

分类地位	爬行纲 REPTILIA 龟鳖目 TESTUDINES 鳄龟科 Chelydridae
保护级别	CITES 附录 Ⅱ	**贸易类型** 活体
分　布	美国

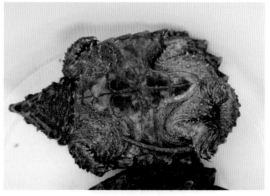

◎ **鉴别特征**　头部三角形，上喙钩曲似鹰嘴；背甲粗糙、棕色，3条棱呈强锯齿状突起，具上缘盾；腹甲明显小、呈"十"字形，有多枚大而显著的下缘盾；四肢扁平，指、趾间具蹼；尾长，尾背具3列棘棱。

锦龟 *Chrysemys picta*

分类地位	爬行纲REPTILIA 龟鳖目TESTUDINES 龟科Emydidae

保护级别	非保护	贸易类型	活体

分　布	加拿大、美国、墨西哥

◉ **鉴别特征** 头部深橄榄绿色，侧面具数条淡黄色纵纹，延伸至颈部；背甲长椭圆形，深灰色，背甲中央无红色纵条纹，缘盾上具红色弯曲条纹；腹甲浅棕红色；四肢和尾部具黄色和红色条纹，指、趾间具蹼；尾部短。

斑点水龟 *Clemmys guttata* 别名：黄斑水龟

分类地位	爬行纲 REPTILIA 龟鳖目 TESTUDINES 龟科 Emydidae
保护级别	核准为国家二级（仅限野外种群）、CITES 附录Ⅱ　**贸易类型**　活体
分　布	加拿大、美国

◉ **鉴别特征**　体较小；头部黑色，头顶部、侧面和颈部均有淡黄色斑点；背甲黑色，每块盾片上均有数个黄色小斑点；腹甲黄色，每块盾片上均有大块黑色斑纹；四肢黑色。

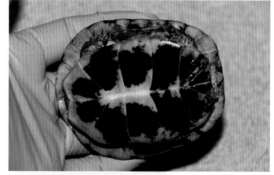

钻纹龟 *Malaclemys terrapin*   别名：菱斑龟

分类地位 爬行纲 REPTILIA 龟鳖目 TESTUDINES 龟科 Emydidae

保护级别 核准为国家二级（仅限野外种群）、CITES 附录 II   **贸易类型** 活体

分　　布 美国

◉ 鉴别特征 头部淡青色，满布深色斑点或条纹，头顶具一菱形大斑；背甲生长环纹明显，脊棱突出；腹甲黄色，具黑色斑点或斑块；四肢青绿色、具斑纹。

卡罗来纳箱龟 *Terrapene carolina*

分类地位 爬行纲REPTILIA 龟鳖目TESTUDINES 龟科Emydidae

保护级别 核准为国家二级（仅限野外种群）、CITES附录II　　**贸易类型** 活体

分　布 美国、墨西哥

◉ **鉴别特征** （该物种亚种多，且各亚种间外形差异大）上喙钩曲；背甲高隆，呈圆形，中央具脊棱，背甲颜色多由黑色、黄色交错的斑纹与线纹组成；腹甲黄色或淡黄色，胸盾与腹盾间具韧带，具有腋盾，肛盾无缺刻；尾较细短。

黄耳龟 *Trachemys scripta scripta*

分类地位	爬行纲 REPTILIA 龟鳖目 TESTUDINES 龟科 Emydidae
保护级别	非保护
分 布	美国

贸易类型 活体

◉ **鉴别特征** 头颈部密布多条黄色粗纵纹，眼后有一亮黄色斑；背甲黑褐色，具少量黑褐色纵纹；腹甲黄色；喉及上、下胸盾常见有圆形黑斑；四肢及尾部的颜色同颈部颜色相似。

马来闭壳龟 *Cuora amboinensis* 别名：安布闭壳龟

分类地位	爬行纲 REPTILIA 龟鳖目 TESTUDINES 地龟科 Geoemydidae

保护级别	核准为国家二级（仅限野外种群）、CITES 附录 II	贸易类型	活体

分　布	孟加拉国、印度、缅甸等

⊙ **鉴别特征** 头部光滑，头侧自吻至颈具
3条显著的亮黄色纹；背甲黑褐色，隆起较
高，脊棱突出；腹甲黄白色，每一盾片具
大黑斑；四肢背面黑褐色，指、趾间具蹼。

布氏闭壳龟 *Cuora bourreti*

分类地位	爬行纲 REPTILIA 龟鳖目 TESTUDINES 地龟科 Geoemydidae
保护级别	核准为国家二级（仅限野外种群）、CITES 附录 I　　**贸易类型**　活体
分　布	越南、老挝

⊙ **鉴别特征**　头部橙黄色，有大斑块或条纹；背甲脊线黑色镶嵌黄色，两边的侧甲上各有1对浅褐色宽带条纹；腹甲黄白色，每一盾片上具大块黑斑；四肢红褐色，指、趾间具蹼；尾部短。

黄缘闭壳龟 *Cuora flavomarginata*

分类地位 爬行纲 REPTILIA 龟鳖目 TESTUDINES 地龟科 Geoemydidae

保护级别 国家二级（仅限野外种群）、CITES 附录 II　**贸易类型** 活体

分　布 福建、湖南、台湾等；日本

◉ **鉴别特征** 头部光滑，头顶淡橄榄色，额顶两侧自眼后各有1条亮黄色纵纹；背甲中央隆起，棕红色，中央具有1条淡黄色脊棱，背甲缘盾腹面黄色；腹甲棕黑色，边缘鲜黄色；四肢背面黑褐色，有较大块鳞片，指、趾间具蹼。

地龟科

83

黄额闭壳龟 *Cuora galbinifrons* 别名：黄额盒龟

分类地位	爬行纲REPTILIA龟鳖目TESTUDINES地龟科Geoemydidae
保护级别	国家二级（仅限野外种群）、CITES附录Ⅰ **贸易类型** 活体
分 布	海南、广西；越南

◉ 鉴别特征 头背部淡黄色至棕色，有不规则的黑斑点；上颌色深，下颌色浅；背部脊线棕黄色，两边的侧甲上各有1对黄色或浅黄色宽带条纹，并带有黑色的杂斑；腹甲整体黑色；指、趾间具蹼。

百色闭壳龟 *Cuora mccordi*

地龟科

分类地位	爬行纲REPTILIA 龟鳖目TESTUDINES 地龟科 Geoemydidae
保护级别	国家二级（仅限野外种群）、CITES 附录Ⅱ　　贸易类型　活体
分　布	广西

◉ **鉴别特征**　头部绿黄色，有1条镶黑边的橘黄色眶后纹；背甲红棕色、椭圆形，中线有一低脊棱；喉盾为黑色，腹甲外缘黄白色，有1块几乎覆盖大部分腹甲的黑斑；前肢被大鳞，后肢被小鳞，指、趾间具蹼；尾较短细、淡橘黄色。

锯缘闭壳龟 *Cuora mouhotii* 别名：平顶闭壳龟、锯缘摄龟

分类地位	爬行纲 REPTILIA 龟鳖目 TESTUDINES 地龟科 Geoemydidae
保护级别	国家二级（仅限野外种群）、CITES 附录 II **贸易类型** 活体
分 布	广西、海南、云南；印度、越南、缅甸等

地龟科

👁 鉴别特征 头部具不规则纹路，上喙钩曲；背甲顶部平坦，3条脊棱显著，侧棱与脊棱在同一平面，后缘锯齿状；腹甲中间黄色，周围黑色；腹甲不能完全与背甲闭合；四肢灰褐色，具覆瓦状鳞片，指、趾间具蹼；尾部短。

三线闭壳龟 *Cuora trifasciata* 别名：金钱龟

分类地位	爬行纲 REPTILIA 龟鳖目 TESTUDINES 地龟科 Geoemydidae
保护级别	国家二级（仅限野外种群）、CITES 附录 II　**贸易类型**　活体
分　布	广东、福建、海南等

👁 **鉴别特征**　头背面光滑，额顶、喉、颊及喙黄色，自吻过眼有 2 条、下颌有 1 条黑色粗纵纹；背甲棕色，具 3 条明显的黑色纵棱；腹甲黑色，边缘有断续的黄色；四肢橘红色，指、趾间具蹼。

5 cm

黑池龟 *Geoclemys hamiltonii* 别名：白斑池龟

分类地位 爬行纲 REPTILIA 龟鳖目 TESTUDINES 地龟科 Geoemydidae

保护级别 核准为国家二级（仅限野外种群）、CITES 附录 I 贸易类型 活体

分　布 巴基斯坦、印度、孟加拉国等

◉ **鉴别特征** 头部较大、黑色，布满大小不一且不规则的黄色斑点；背甲黑色，布满白色斑点，长椭圆形，3条脊棱明显，中央1条最为突出；腹甲黑色，边缘部分具白斑点；四肢灰褐色，指、趾间具蹼；尾黑色，较短。

日本地龟 *Geoemyda japonica* 别名：日本枫叶龟

分类地位	爬行纲REPTILIA 龟鳖目TESTUDINES 地龟科 Geoemydidae
保护级别	核准为国家二级（仅限野外种群）、CITES附录Ⅱ　**贸易类型** 活体
分　布	日本

◉ **鉴别特征**　头颈侧可见3～4条棕红色纵纹，吻喙棕红色，上喙略钩曲；背甲黄褐色，前后缘呈锯齿状，背部脊棱明显突出；腹甲黑色，两边缘黄色；四肢及尾部的鳞片黑色，间有部分暗红色；指、趾间具蹼。

地龟 *Geoemyda spengleri* 别名：枫叶龟

分类地位	爬行纲REPTILIA 龟鳖目TESTUDINES 地龟科Geoemydidae

保护级别	国家二级、CITES附录Ⅱ	贸易类型	活体

分 布	广东、广西、海南等；越南、老挝

◉ **鉴别特征** 体较小；头部褐色，上喙略钩曲，头颈侧可见1~3条黄白色纵纹；背甲扁，橘黄色或橘红色，三棱明显，前后缘锯齿状；腹甲黑色，两边缘黄色；四肢及尾被红棕色鳞片，指、趾间具蹼。

5 cm

庙龟 *Heosemys annandalii* 别名：黄头庙龟

分类地位 爬行纲 REPTILIA 龟鳖目 TESTUDINES 地龟科 Geoemydidae

保护级别 核准为国家二级（仅限野外种群）、CITES 附录 II **贸易类型** 活体

分　布 泰国、越南、马来西亚等

◉ **鉴别特征** 头部满布模糊的淡黄色细斑，上喙端具"M"形缺刻；背甲黑色，椭圆形，中央脊棱突出；腹甲淡黄色，有大块黑斑；指、趾间具蹼。

大东方龟 *Heosemys grandis* 别名：亚洲巨龟

| 分类地位 | 爬行纲 REPTILIA 龟鳖目 TESTUDINES 地龟科 Geoemydidae |

分类地位 爬行纲 REPTILIA 龟鳖目 TESTUDINES 地龟科 Geoemydidae

保护级别 核准为国家二级（仅限野外种群）、CITES 附录 II   **贸易类型** 活体

分 布 缅甸、泰国、柬埔寨等

👁 **鉴别特征** 头部褐色，满布细碎的橘红色或橘黄色斑点；背甲黑褐色，脊棱明显，脊线黄色，后缘锯齿状；腹甲黄色，具放射状黑纹；四肢棕色，指、趾间具蹼；尾部短。

安南龟 *Mauremys annamensis*　别名：越南拟水龟

分类地位	爬行纲REPTILIA龟鳖目TESTUDINES地龟科Geoemydidae
保护级别	核准为国家二级（仅限野外种群）、CITES附录Ⅰ　**贸易类型** 活体
分　布	越南

● **鉴别特征**　头部较长，头顶部呈深橄榄色，头部侧面自吻至颈具2条黄色纵纹，环额顶有1条浅纹；背甲黑色、椭圆形，具脊棱；腹甲淡黄色，每块盾片上具黑色斑块；四肢灰褐色，指、趾间具蹼。

5 cm

地龟科

日本拟水龟 *Mauremys japonica* 别名：日本石龟

分类地位 爬行纲REPTILIA龟鳖目TESTUDINES地龟科Geoemydidae

保护级别 核准为国家二级（仅限野外种群）、CITES附录Ⅱ 贸易类型 活体

分　布 日本

◉ **鉴别特征** 头部浅棕色，颈部具浅色细纵纹；背甲棕黄色，生长环纹较显著，后缘锯齿状；腹甲黑色无斑；指、趾间具蹼。

5 cm

黄喉拟水龟 *Mauremys mutica* 别名：石龟、石金钱龟

分类地位 爬行纲REPTILIA龟鳖目TESTUDINES地龟科Geoemydidae
保护级别 国家二级（仅限野外种群）、CITES附录Ⅱ **贸易类型** 活体
分　布 广东、海南、广西等；越南、日本

◉ **鉴别特征** 头顶淡橄榄色，光滑，眼后有2条黄色短纵纹，喉部淡黄色；背甲椭圆形，棕褐色，中央具1条脊棱；腹面黄色，每枚盾片有1块大黑斑；四肢外侧灰褐色，内侧淡黄色，指、趾间具蹼；尾部短。

地龟科

黑颈乌龟 *Mauremys nigricans* 别名：广东乌龟

分类地位	爬行纲 REPTILIA 龟鳖目 TESTUDINES 地龟科 Geoemydidae

| 保护级别 | 国家二级（仅限野外种群）、CITES 附录 Ⅱ | 贸易类型 | 活体 |

| 分 布 | 广西、广东 |

◉ **鉴别特征** 头部黑灰色（雄性泛红色），眼后至颈侧具不规则黄白色纵纹；背甲棕褐色至黑色、脊棱突出、几乎无侧棱；甲桥黑褐色或黑色，腹甲棕黄色（雄性棕红色）、具大块不规则黑斑块；四肢灰褐色（雄性棕红色），指、趾间具蹼。

乌龟 *Mauremys reevesii* 别名：草龟

分类地位	爬行纲REPTILIA 龟鳖目TESTUDINES 地龟科Geoemydidae

保护级别 国家二级（仅限野外种群）、CITES 附录Ⅲ（中国） **贸易类型** 活体

分　布 中国多省（区）广泛分布；日本、韩国、朝鲜

◉ **鉴别特征**　头颈部具不规则淡黄色斑纹；背甲棕色（雄性为黑色），椭圆形，背甲中央隆起，三脊棱突出；腹甲棕灰色（雄性为黑色），每块盾片上具大块黑斑；四肢灰褐色，指、趾间具蹼；尾部短。

地龟科

花龟 *Mauremys sinensis*　别名：中华花龟

分类地位　爬行纲REPTILIA 龟鳖目TESTUDINES 地龟科Geoemydidae

保护级别　国家二级（仅限野外种群）、CITES附录Ⅲ（中国）　贸易类型　活体

分　布　广东、广西、台湾等；越南

◉ **鉴别特征**　头部、颈部具数条黄绿色镶嵌的粗细不一的条纹；背甲椭圆形、黑褐色，具3条纵棱（成年个体除脊棱外逐渐不显）；腹甲黄白色，每块盾片具有大块暗斑；四肢、尾部满布黄绿色镶嵌的细条纹，指、趾间具满蹼。

三脊棱龟 *Melanochelys tricarinata* 别名：三棱黑龟

（分类地位）爬行纲 REPTILIA 龟鳖目 TESTUDINES 地龟科 Geoemydidae
（保护级别）核准为国家二级（仅限野外种群）、CITES 附录 I　（贸易类型）活体
（分　布）印度、孟加拉国、尼泊尔等

◉ **鉴别特征**　头部褐色，头背腹面边缘各具"V"形红色或黄色粗纹延伸至枕部及喉部；背甲黑色，三棱亮黄色；腹甲黄色，较窄，腹甲后缘缺刻；四肢褐色，指、趾间具蹼；尾部短。

地龟科

黑山龟 *Melanochelys trijuga* 别名：印度黑龟

分类地位 爬行纲 REPTILIA 龟鳖目 TESTUDINES 地龟科 Geoemydidae

保护级别 核准为国家二级（仅限野外种群）、CITES 附录 II　　**贸易类型** 活体

分　布 印度、孟加拉国、缅甸等

◉ **鉴别特征** 头部棕色至黑色，散布橙黄色斑点或颞部有浅黄色斑，喙呈"∧"形；背甲黑色，具3条纵棱，中央脊棱显著；腹甲黑褐色，边缘黄色，甲桥黑色；指、趾间具蹼；尾部短。

印度泛棱背龟 *Pangshura tecta*

分类地位 爬行纲 REPTILIA 龟鳖目 TESTUDINES 地龟科 Geoemydidae

保护级别 核准为国家二级（仅限野外种群）、CITES 附录 I　**贸易类型** 活体

分　布 巴基斯坦、印度、孟加拉国等

◉ **鉴别特征**　体较小；头顶部黑色，眼后及额顶两侧棕红色，颈部布满黄色细纵纹；背甲中央脊线棕色，椎盾较小，前3枚椎盾明显隆起，每块缘盾黄色，背甲后缘呈锯齿状；腹甲淡红色，每块盾片均有对称的大块黑斑；四肢布满黄色细小斑点，指、趾间具蹼。

斑腿木纹龟 *Rhinoclemmys punctularia*

分类地位	爬行纲 REPTILIA 龟鳖目 TESTUDINES 地龟科 Geoemydidae

保护级别	CITES 附录 II	贸易类型	活体

分布	巴西、委内瑞拉、特立尼达和多巴哥等

◉ **鉴别特征** 头部呈黑色或深棕色，具红色斑点或条纹，吻部略突出，喉部淡黄色、无斑点，颈部、四肢深灰色或深棕色，上有黄色和橙色斑点；背甲呈黑色或深棕色、无斑点；腹甲为黑色，盾片外缘和甲桥接缝处为浅黄棕色。

眼斑水龟 *Sacalia bealei*

分类地位 爬行纲REPTILIA龟鳖目TESTUDINES地龟科Geoemydidae

保护级别 国家二级（仅限野外种群）、CITES附录Ⅱ　　贸易类型　活体

分　布 广东、福建、江西等

◉ **鉴别特征**　头背部布满黑色细点，具2对色彩不同、中间黑点数量为1～4个的眼斑，雌性第二对眼斑黄色，颈部有多条黄色（雌）或红色（雄）纵纹；背甲灰棕色，具一纵棱；腹甲有黑色大斑块或小斑点；四肢灰棕色；尾部细。

地龟科

四眼斑水龟 *Sacalia quadriocellata*

分类地位 爬行纲 REPTILIA 龟鳖目 TESTUDINES 地龟科 Geoemydidae

保护级别 国家二级（仅限野外种群）、CITES 附录 II　　**贸易类型** 活体

分　布 广东、广西、海南；越南、老挝

◉ 鉴别特征 头背部具2对色彩相同、中间各有1个黑点的眼斑，雄性眼斑青色，雌性为黄色；颈部有多条黄色（雌）或红色（雄）纵纹；背甲棕色；腹甲淡黄色，具黑色斑块；四肢棕色，指、趾间具蹼；尾部短。

窄桥匣龟 *Claudius angustatus* 别名：窄桥麝香龟

分类地位	爬行纲REPTILIA龟鳖目TESTUDINES动胸龟科Kinosternidae

保护级别 CITES 附录 Ⅱ　　　　　　　　　　　**贸易类型** 活体

分　布 伯利兹、危地马拉、墨西哥

◉ **鉴别特征** 头大，头背满布深色斑点，下颌具1对触须；背甲椭圆形、呈黄色或褐黄色，背甲表面具深色放射纹，背甲具3条脊棱（成熟个体逐渐不显）；腹甲呈黄色，腹甲狭窄、呈"十"字形；指、趾间具蹼；尾巴长而粗，尾末端具角状刺。

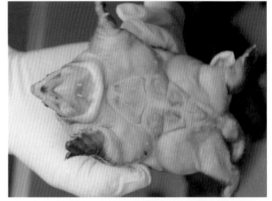

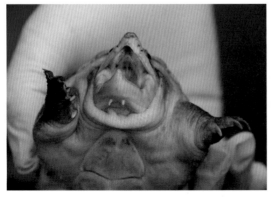

斑纹动胸龟 *Kinosternon acutum* 别名：斑纹泥龟

分类地位	爬行纲REPTILIA 龟鳖目TESTUDINES 动胸龟科Kinosternidae
保护级别	CITES 附录Ⅱ　　　　　　　贸易类型　活体
分　布	伯利兹、危地马拉、墨西哥

◉ **鉴别特征**　头部具鲜艳的黄色和红色条纹或斑块，下颌呈奶油色，头背、头腹面通常伴有黑色斑纹，下颌具触须；背甲椭圆形、呈棕色或黑色，背甲略扁平，中央具脊棱；腹甲呈黄色或浅棕色，盾甲接缝为黑色，具2条韧带；指、趾间具蹼；尾末端具角状刺。

5 cm

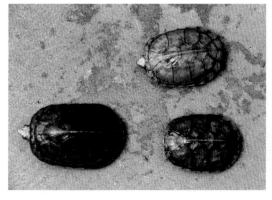

哈雷拉动胸龟 *Kinosternon herrerai* 别名：哈雷拉泥龟

分类地位 爬行纲REPTILIA龟鳖目TESTUDINES动胸龟科Kinosternidae

保护级别 CITES附录Ⅱ　　　　　　　　**贸易类型** 活体

分　布 墨西哥

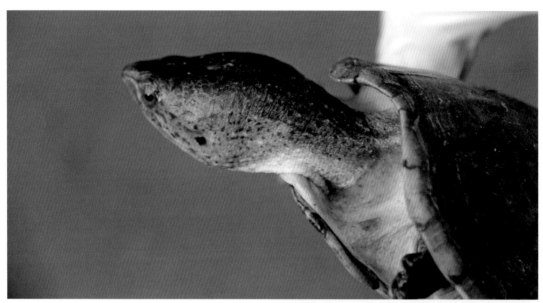

◉ **鉴别特征** 头部大，布满点状或虫状斑纹，吻部略突出，上喙钩曲，下颌具触须；背甲椭圆形、呈橄榄色或棕色，具脊棱；腹甲狭窄、呈黄色，具2条韧带、但后叶无法活动，盾片11枚；指、趾间具蹼；尾末端具角状刺。

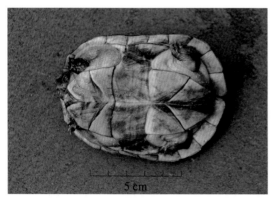

动胸龟科

三棱麝香龟 *Staurotypus triporcatus* 别名：大麝香龟

分类地位	爬行纲REPTILIA 龟鳖目TESTUDINES 动胸龟科Kinosternidae
保护级别	CITES附录II　　　　　　　　　贸易类型　活体
分　布	危地马拉、洪都拉斯、墨西哥等

◉ **鉴别特征**　体较大，成体背甲长可达38 cm以上；头大，头及上、下颌具黑白相间的斑纹，下颌具1对触须；背甲长椭圆形、呈褐黄色或棕色，背甲表面具深色斑点或放射纹，背甲三棱突出；腹甲黄色，腹甲相对狭窄、呈"十"字形，无喉盾和肱盾；四肢具深色斑点，指、趾间具蹼；尾短，尾具2排锥突。

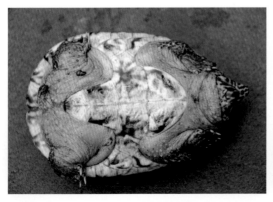

刀背麝香龟 *Sternotherus carinatus*　别名：剃刀龟

分类地位	爬行纲REPTILIA龟鳖目TESTUDINES动胸龟科Kinosternidae

保护级别　CITES附录Ⅱ　　　　　　　　　　**贸易类型**　活体

分　布　美国

⊙ **鉴别特征**　头颈满布深色斑点，鼻部略呈管状突出，下颌具1对触须；背甲椭圆形、呈棕色或棕红色，背甲表面具深色斑点或放射纹，背甲向上倾斜以形成1个高圆顶壳，形如屋顶，中央脊棱明显；腹甲深棕色，腹甲无喉盾，各盾片间以韧带相连；指、趾间具蹼。

5 cm

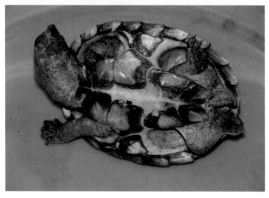

平胸龟科

平胸龟 *Platysternon megacephalum* 别名：大头龟、鹰嘴龟

分类地位	爬行纲 REPTILIA 龟鳖目 TESTUDINES 平胸龟科 Platysternidae

保护级别	国家二级（仅限野外种群）、CITES 附录 I	贸易类型	活体

分　布	广东、广西、海南等；越南、老挝、柬埔寨等

⊙ **鉴别特征**　体扁平；头部宽大，鹰钩嘴，头背鳞片为一整块；背甲棕黑色，长椭圆形；腹甲橄榄色，较小且平；头部、尾部、四肢均不能缩入腹甲，四肢具鳞片，指、趾间具蹼；尾部几乎与背甲等长，被环状鳞。

黄斑侧颈龟 *Podocnemis unifilis* 别名：黄头侧颈龟

分类地位　爬行纲REPTILIA 龟鳖目TESTUDINES 侧颈龟科Podocnemididae

保护级别　核准为国家二级（仅限野外种群）、CITES 附录Ⅱ　贸易类型　活体

分　布　南美洲

◉ 鉴别特征　头部黑褐色，有大块黄色斑点，颈部较短，能完全隐匿于体侧背甲与腹甲间；背甲外缘浅黄色；腹盾13枚，间喉盾与喉盾并列；四肢黑褐色；尾短，黑褐色。

陆龟科

亚达伯拉象龟 *Aldabrachelys gigantea*

分类地位	爬行纲 REPTILIA 龟鳖目 TESTUDINES 陆龟科 Testudinidae

保护级别	CITES 附录 II	贸易类型	活体

分　布	塞舌尔群岛

◉ **鉴别特征**　头部无斑纹，具1对纵长的前额大鳞；背甲黑褐色或棕色，背甲隆起高，各盾片明显向外突起，仅1枚臀盾；腹甲黑褐色或棕色，1对喉盾较短且厚；四肢、尾部均为灰褐色。

辐纹陆龟 *Astrochelys radiata* 别名：放射陆龟

分类地位 爬行纲REPTILIA龟鳖目TESTUDINES陆龟科Testudinidae

保护级别 CITES附录Ⅰ　　　　**贸易类型** 活体

分　　布 马达加斯加

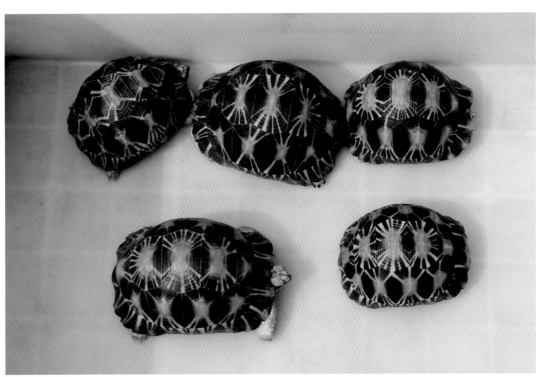

⊙ **鉴别特征** 头部黄色与黑灰色相杂，前额鳞2枚，顶鳞1枚；背甲褐色，长椭圆形，具颈盾，背甲盾片隆起，每块盾片上具淡黄色放射状花纹，后缘锯齿状；腹甲有黑色大斑块，亦有放射状花纹；四肢、尾部均为黄色；尾部短。

马达加斯加陆龟 *Astrochelys yniphora* 别名：安哥洛卡陆龟

陆龟科

分类地位 爬行纲REPTILIA龟鳖目TESTUDINES陆龟科Testudinidae

保护级别 CITES附录I　　　　　　**贸易类型** 活体

分　布 马达加斯加

◉ 鉴别特征 头部黄色，上喙钩曲；背甲黄褐色、近圆形，隆起高，盾缝有深色宽纹，每块缘盾上有深色三角形斑块；腹甲黄色，喉盾单枚、特别突出且上翘；前肢覆有大而层叠的黄色鳞片；尾部黄色且短。

苏卡达陆龟 *Centrochelys sulcata*

分类地位	爬行纲REPTILIA龟鳖目TESTUDINES陆龟科Testudinidae

保护级别	CITES附录Ⅱ	贸易类型	活体

分　布	非洲

⊙ **鉴别特征**　头部黄棕色，前额鳞2枚，顶鳞1枚；背甲盾片隆起，前后缘锯齿状；腹甲黄色；四肢鳞片呈棘状，股部两侧各具2～3枚棘鳞。

红腿陆龟 *Chelonoidis carbonarius* 别名：红腿象龟

分类地位	爬行纲 REPTILIA 龟鳖目 TESTUDINES 陆龟科 Testudinidae

保护级别	CITES 附录 II	贸易类型	活体

分　布	南美洲

◉ **鉴别特征** 头颈部橘黄色至红色，具有
1枚显著的顶鳞；背甲长椭圆形，绛黑色，
各盾片中央均有淡黄色斑块，缘盾边缘黄
色，前后缘不呈锯齿状；腹甲黄色，中央
具大黑斑块；四肢有红色大鳞片。

黄腿陆龟 *Chelonoidis denticulatus*　别名：黄腿象龟

分类地位　爬行纲 REPTILIA 龟鳖目 TESTUDINES 陆龟科 Testudinidae

保护级别　CITES 附录 II　　　　**贸易类型**　活体

分　布　南美洲

◉ 鉴别特征　头部具黄色至橙黄色大鳞，顶鳞数枚；背甲长椭圆形，各盾片中央有棕黄色斑块，无颈盾；腹甲黄色，沿盾沟有深色宽斑，胯盾1枚，几乎不与股盾相接；四肢鳞片为橘黄色或黄色。

陆龟科

印度星龟 *Geochelone elegans*

分类地位	爬行纲REPTILIA龟鳖目TESTUDINES陆龟科Testudinidae
保护级别	CITES附录 I
分　布	巴基斯坦、印度、斯里兰卡

贸易类型　活体

◉ **鉴别特征**　头部黄色与黑色镶嵌；背甲
深棕色，每块盾片上均有淡黄色放射状花
纹，背甲前后边缘呈锯齿状；腹甲黄色，
具有放射状花纹；四肢黄色与褐色镶嵌，
前肢具大块鳞片。

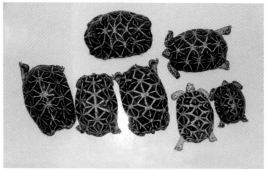

缅甸星龟 *Geochelone platynota*

分类地位	爬行纲REPTILIA龟鳖目TESTUDINES陆龟科Testudinidae
保护级别	CITES附录 I
贸易类型	活体
分　布	缅甸

◉ **鉴别特征**　头部黄色无斑，前额鳞2枚，顶鳞1枚；背甲黑褐色，每块盾片上具6条左右对称排列的淡黄色放射状条纹，背甲前后缘锯齿状；腹甲淡黄色，具对称的大块黑斑；四肢、尾部均为淡黄色。

陆龟科

缅甸陆龟 *Indotestudo elongata*

分类地位	爬行纲 REPTILIA 龟鳖目 TESTUDINES 陆龟科 Testudinidae
保护级别	国家一级、CITES 附录 II	贸易类型	活体
分　布	广西、云南；印度、孟加拉国、缅甸等

👁 **鉴别特征**　头部青灰色至黄色，前额鳞1对，显著大，顶鳞多枚；具颈盾，背甲黄色至青绿色，具大块黑斑；腹甲前缘较厚，后部缺刻较深；前肢外侧具覆瓦状大鳞；尾部末端为角质鞘。

靴脚陆龟 *Manouria emys*

分类地位	爬行纲REPTILIA龟鳖目TESTUDINES陆龟科Testudinidae

保护级别 CITES附录Ⅱ　　　　**贸易类型** 活体

分　布 印度、孟加拉国、缅甸等

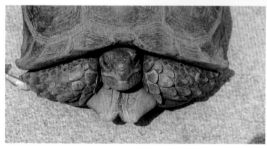

◉ **鉴别特征**　头部棕褐色至黑色，上喙钩曲；背甲椭圆形，背甲棕褐色至黑色，盾片内凹，前后缘盾锯齿状，臀盾两枚；黑靴凹甲陆龟（*M. e. phayrei*）左、右胸盾在腹甲中线相连，棕靴凹甲陆龟（*M. e. emys*）左、右胸盾不在腹甲中线相遇；后足跟部的数枚鳞片宽大突出，股部两侧各具有数枚棘鳞；尾短。

黑靴凹甲陆龟

5 cm　　棕靴凹甲陆龟

凹甲陆龟 *Manouria impressa* 别名：麒麟龟

分类地位 爬行纲 REPTILIA 龟鳖目 TESTUDINES 陆龟科 Testudinidae

保护级别 国家一级、CITES 附录 II **贸易类型** 活体、标本

分　布 广西、云南、海南等；缅甸、泰国、越南等

鉴别特征 头部黄色，具黑色小斑纹，上喙钩曲；前额鳞2枚，顶鳞1枚；背甲黄褐色，盾片内凹，边缘锯齿状，臀盾2枚；腹甲黄色，具黑色杂斑；四肢黑褐色；尾部短，股部两侧各具1枚较大的棘鳞。

马达加斯加蛛网龟 *Pyxis arachnoides* 别名：蛛网龟

分类地位 爬行纲REPTILIA龟鳖目TESTUDINES陆龟科Testudinidae

保护级别 CITES附录I   **贸易类型** 活体

分 布 马达加斯加

◉ 鉴别特征 头部棕褐色，上喙钩曲；背甲黄褐色至黑色，表面具有黄色似蜘蛛网状的花纹；腹甲宽大、黄色（部分个体杂有黑斑），肱盾与胸盾以韧带相连使腹甲前部可闭合于背甲（部分个体无此特征）；前后肢均具5爪；尾短。

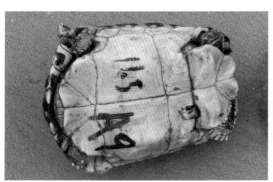

陆龟科

豹纹陆龟 *Stigmochelys pardalis* 别名：豹龟

分类地位	爬行纲 REPTILIA 龟鳖目 TESTUDINES 陆龟科 Testudinidae

保护级别	CITES 附录 II	贸易类型	活体

分　布	非洲

◉ 鉴别特征　头部黄棕色、无斑，前额鳞
1～2枚，顶鳞为数枚小鳞；背甲椭圆形，
隆起较高，黑色或淡黄色，每块盾片上具
乳白色或黑色斑块，似豹纹；腹甲淡黄色；
四肢淡黄色，前肢前缘有大块鳞片；尾短、
黄色。

赫尔曼陆龟 *Testudo hermanni*

分类地位 爬行纲 REPTILIA 龟鳖目 TESTUDINES 陆龟科 Testudinidae

保护级别 CITES 附录 II   贸易类型 活体

分 布 法国、土耳其、西班牙等

⊙ **鉴别特征** 头部黑色，略带黄色，上喙钩曲；背甲黄绿色至棕褐色，沿盾缝有黑褐色大斑，臀盾2枚；腹甲黄色，具黑色斑块；四肢黄色；尾部短，末端具角质鞘。

陆龟科

四爪陆龟 *Testudo horsfieldii* 别名：中亚陆龟

分类地位	爬行纲 REPTILIA 龟鳖目 TESTUDINES 陆龟科 Testudinidae	
保护级别	国家一级、CITES 附录 II	贸易类型 活体
分　布	新疆；中亚、东欧	

👁 **鉴别特征**　头部黄褐色，前额鳞2枚，顶鳞1枚，喙缘细锯齿状；背甲近圆形、呈黄褐色，具不规则黑色斑块；腹甲黄色，具不规则黑色斑块；四肢黄褐色，前后肢均具4个爪；尾短，尾末端具角质鞘。

缘翘陆龟 *Testudo marginata*

分类地位	爬行纲 REPTILIA 龟鳖目 TESTUDINES 陆龟科 Testudinidae
保护级别	CITES 附录 II
分　布	希腊、阿尔巴尼亚

贸易类型　活体

5 cm

◉ **鉴别特征**　头部黄色，具黑色斑纹，上喙钩曲；背甲长圆形，每块盾片中间黄色，沿盾缝有黑色大斑，后部缘盾呈荷叶状外翻；腹甲淡黄色，盾片上具三角形棕黑色斑块；四肢黄色；尾部短，末端具角质鞘。

127

亚洲鳖 *Amyda cartilaginea* 别名：中南半岛大鳖

分类地位 爬行纲REPTILIA龟鳖目TESTUDINES鳖科Trionychidae

保护级别 核准为国家二级（仅限野外种群）、CITES附录Ⅱ **贸易类型** 活体

分 布 马来西亚、印度尼西亚、新加坡等

◉ 鉴别特征 吻突大于眼径；背甲前缘有1排大疣粒，背甲橄榄绿色，背甲上有若干骨质突起形成的纵线；腹甲灰白色；头部、颈部、四肢颜色与背甲相似。

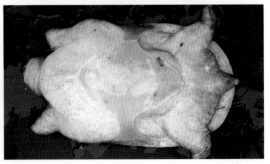

鼋 *Pelochelys cantorii*

分类地位 爬行纲REPTILIA龟鳖目TESTUDINES鳖科Trionychidae

保护级别 国家一级、CITES附录Ⅱ　　　　**贸易类型** 活体

分　布 广东、福建、海南等；印度、孟加拉国、缅甸等

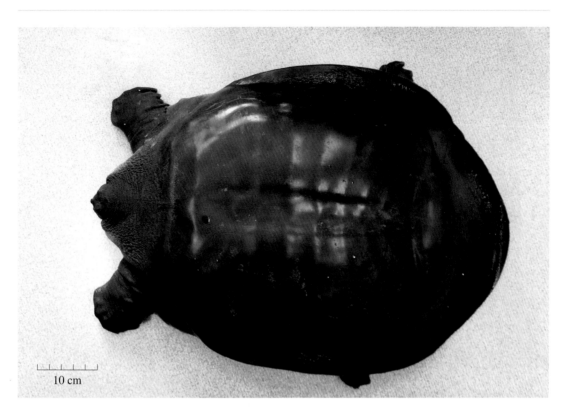

10 cm

◉ **鉴别特征**　体庞大；头部钝、宽而扁，头背无斑纹，吻突短而宽圆，约为眼眶径的1/2，颈部粗短，头部不能完全缩入壳内；颈基部和背甲光滑，背甲卵圆形、呈褐黑色，背部边缘为结缔组织形成的厚实裙边；腹面粉白色、无斑；四肢粗扁，指、趾间蹼较大，四肢具3爪；尾短。

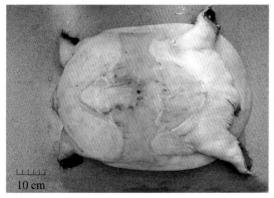

10 cm

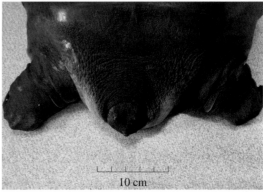

10 cm

中华鳖 *Pelodiscus sinensis* 别名：鳖

分类地位	爬行纲 REPTILIA 龟鳖目 TESTUDINES 鳖科 Trionychidae

保护级别	未列入	贸易类型	活体

分 布	中国多省（区）广泛分布；日本、越南、印度尼西亚等

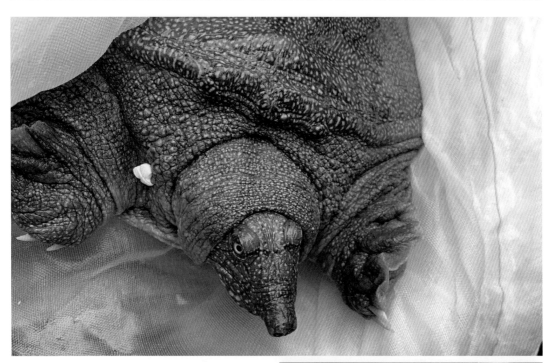

◉ **鉴别特征** 头部呈三角形，多密布细碎的浅色斑，自吻过眼至颈通常有1条模糊的黑色线纹，鼻管状突出，吻突长；背甲为柔软的革质皮肤、呈橄榄绿色，其上光滑或具多条小瘰粒组成的纵棱，边缘多向上翻卷；腹面乳白色。

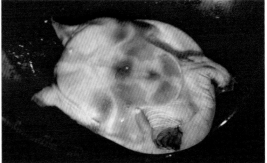

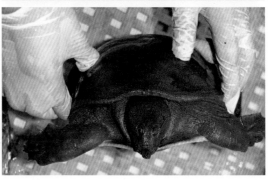

中华蟾蜍 *Bufo gargarizans*

分类地位	两栖纲 AMPHIBIA 无尾目 ANURA 蟾蜍科 Bufonidae

保护级别	国家"三有"	贸易类型	活体

分 布	中国多省（区）广泛分布；俄罗斯、朝鲜、韩国等

◉ **鉴别特征** 体肥壮；皮肤粗糙；头顶部平滑，头宽大于头长，吻棱上具疣；体背面多为橄榄黄色或灰棕色，密布大小不一的圆形瘰疣；腹面浅黄色、满布疣粒，具深色云斑；第四趾具半蹼。

黑眶蟾蜍 *Duttaphrynus melanostictus*

分类地位	两栖纲 AMPHIBIA 无尾目 ANURA 蟾蜍科 Bufonidae		
保护级别	国家"三有"	贸易类型	活体
分　布	广东、福建、台湾等；南亚、东南亚		

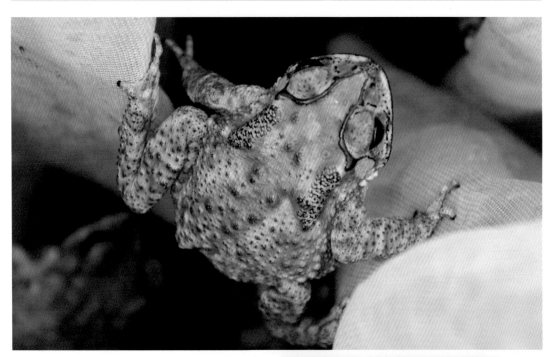

👁 **鉴别特征**　头宽大于头长，头顶显著下陷，头部两侧具黑色骨质棱，耳后腺发达，鼓膜明显；皮肤粗糙，体背黄棕色，全身除头顶外满布疣粒；体腹具花斑，腹部和四肢密布小疣粒，小疣粒均有角质刺；趾具半蹼，关节下瘤不显著。

圆眼珍珠蛙 *Lepidobatrachus laevis*　别名：小丑蛙

分类地位	两栖纲 AMPHIBIA 无尾目 ANURA 角花蟾科 Ceratophryidae
保护级别	非保护
贸易类型	活体
分　布	阿根廷、玻利维亚、巴拉圭

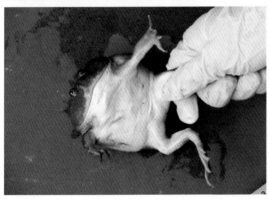 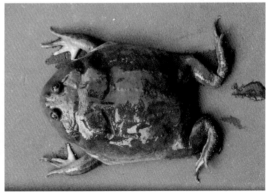

◉ **鉴别特征**　体圆润、扁平；头宽吻阔，鼻孔和眼睛位于背部，眼小，瞳孔通常呈圆形或菱形；体呈灰褐色至深绿色，具橙色或粉色不规则斑纹或斑点，体背具有呈"V"形排列的突起腺体；腹面白色；四肢短。

泽陆蛙 *Fejervarya multistriata* 别名：泽蛙

分类地位	两栖纲AMPHIBIA无尾目ANURA叉舌蛙科Dicroglossidae
保护级别	未列入　　　　　　　　　　　　**贸易类型** 活体
分　布	秦岭—淮河以南多省（区）广泛分布；越南、缅甸、日本等

1 cm

◉ **鉴别特征**　体较小；吻端钝尖，头长略大于头宽，上、下唇缘有棕黑色纵纹；体背皮肤粗糙、多为灰橄榄色或深灰色，杂有棕黑色斑纹，无背侧褶，体背的纵向肤褶长短不一，褶间、体侧及后肢背面有小疣粒，部分个体具1条浅色脊线；体腹面光滑，乳白色；四肢有横斑，指、趾末端钝尖无沟，趾间近半蹼。

虎纹蛙 *Hoplobatrachus chinensis* 别名：田鸡

分类地位	两栖纲 AMPHIBIA 无尾目 ANURA 叉舌蛙科 Dicroglossidae
保护级别	国家二级（仅限野外种群） **贸易类型** 活体
分 布	长江以南多省（区）广泛分布；缅甸、泰国、越南等

👁 **鉴别特征** 体大而粗壮；背面皮肤粗糙，无背侧褶，有长短不一、分布不规则的纵向肤棱，其间散布小疣粒，体背面多为黄绿色或灰棕色，散有不规则的深色斑纹；腹面白色，咽、胸部常有灰棕色斑；四肢横斑明显，胫部纵行肤棱明显，指、趾末端钝尖、无沟，趾间全蹼。

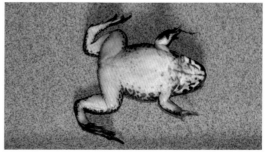

小棘蛙 *Quasipaa exilispinosa*

分类地位	两栖纲 AMPHIBIA 无尾目 ANURA 叉舌蛙科 Dicroglossidae
保护级别	未列入　　　　　　　　贸易类型　活体
分　布	广东、福建、广西等

◉ **鉴别特征**　体较小；头宽略大于头长，吻端圆，鼓膜隐约可见；体背棕褐色、散有黑褐色斑，背面布满刺疣，无背侧褶；后腹面及后肢腹面蜡黄色，咽喉部及后肢腹面有褐色斑点，雄性个体胸部具锥状刺疣；四肢背面有黑色横斑，指、趾端球状无沟，趾间蹼较弱。

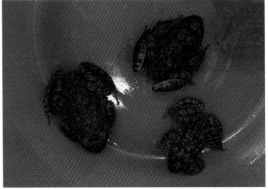

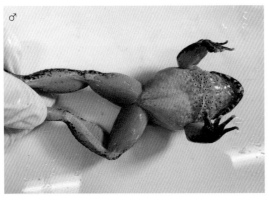

棘胸蛙 *Quasipaa spinosa* 别名：石蛙

分类地位	两栖纲 AMPHIBIA 无尾目 ANURA 叉舌蛙科 Dicroglossidae
保护级别	未列入
贸易类型	活体
分　布	广东、福建、广西等

◉ **鉴别特征**　体大而肥硕；头宽大于头长，两眼间有深色横纹，上、下唇缘均有浅色纵纹；皮肤粗糙，体背多为褐色或棕黑色，长短疣断续排列成行，其间有小圆疣粒，疣粒上有黑刺；腹面浅黄色，无斑或咽喉部和四肢腹面有褐色云斑，雄性个体胸部具锥状刺疣；四肢具黑色横斑，指、趾端球状，趾间全蹼。

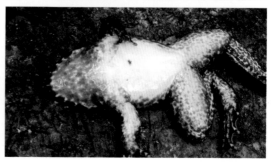

绿雨滨蛙 *Litoria caerulea*　别名：老爷树蛙

分类地位	两栖纲 AMPHIBIA 无尾目 ANURA 雨蛙科 Hylidae
保护级别	非保护　　　**贸易类型**　活体
分　布	澳大利亚、巴布亚新几内亚

◉ 鉴别特征　皮肤光滑，头背有大腺体，头侧鼓膜上方有1条肉质的褶；体背亮绿色，具白色斑点；腹部白色；指、趾端末端扩大呈吸盘状。

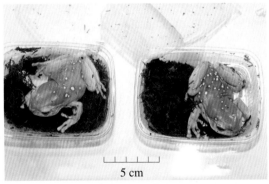

5 cm

蜡白猴树蛙 *Phyllomedusa sauvagii*

分类地位	两栖纲 AMPHIBIA 无尾目 ANURA 雨蛙科 Hylidae
保护级别	非保护 **贸易类型** 活体
分　布	阿根廷、玻利维亚、巴西等

● **鉴别特征** 体较宽；鼓膜明显；皮肤表面具蜡质光泽，体背浅绿色至浅棕色，具条纹状或疣状突起，体侧各具1条从嘴角延伸至大腿根部的白线；腹部浅绿色、具不规则白斑；后肢长，指、趾端钝圆。

非洲牛箱头蛙 *Pyxicephalus adspersus* 别名：非洲牛蛙

分类地位	两栖纲 AMPHIBIA 无尾目 ANURA 箱头蛙科 Pyxicephalidae
保护级别	非保护	贸易类型	活体
分　　布	非洲

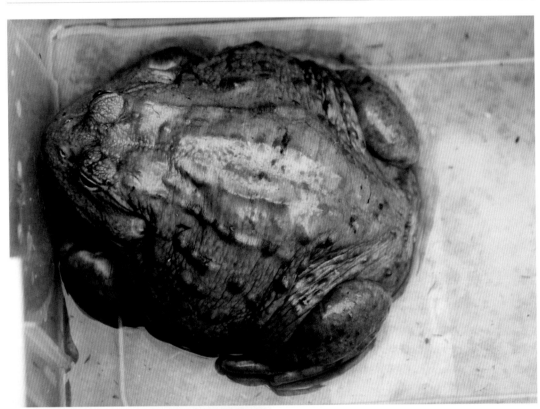

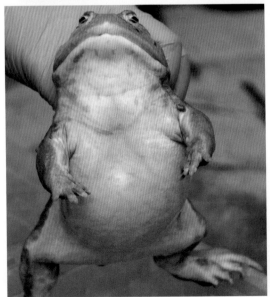

◉ **鉴别特征** 体大而肥硕；头部宽，吻阔；体背橄榄绿色或灰绿色，背部具纵向肤褶；后肢粗壮，后足具大的角质蹠突。

海南湍蛙 *Amolops hainanensis*

分类地位 两栖纲 AMPHIBIA 无尾目 ANURA 蛙科 Ranidae

保护级别 国家二级   **贸易类型** 活体

分 布 海南

◉ **鉴别特征** 头部的长、宽几乎相等，吻短而高，吻棱明显，鼓膜较小；体背橄榄色，具不规则深色斑，满布大小疣粒，无背侧褶；体腹肉红色；四肢背面横斑清晰，股后方有网状黑斑，指、趾吸盘大而具横沟，趾间全蹼。

沼水蛙 *Hylarana guentheri* 别名：沼蛙

分类地位	两栖纲 AMPHIBIA 无尾目 ANURA 蛙科 Ranidae

保护级别	未列入	贸易类型	活体

分　布	广东、福建、台湾等；越南

◉ 鉴别特征 体狭长；头较扁平，头长大于头宽，吻稍尖，吻棱明显，鼓膜明显；背部皮肤光滑，体背后部有分散的小痣粒，体背浅棕色，背侧褶明显，自眼后直达胯部，沿背侧褶下缘有黑纵纹，体侧具不规则黑斑；体腹面黄白色；胫部背面有细肤棱，指端钝圆、无腹侧沟，趾端钝圆、具腹侧沟。

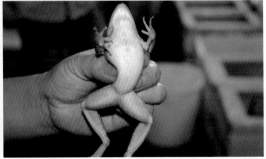

牛蛙 *Lithobates catesbeianus*

分类地位	两栖纲 AMPHIBIA 无尾目 ANURA 蛙科 Ranidae

保护级别	非保护	贸易类型	活体

分　布	美国

◉ **鉴别特征**　体大而粗壮；头部及口缘鲜绿色，吻端钝圆，鼓膜显著；体背橄榄绿色或棕色，背部皮肤略显粗糙，有极细的肤棱或疣粒，无背侧褶；体腹白色，有暗灰色细纹；四肢具横斑，趾间具蹼。

黑斑侧褶蛙 *Pelophylax nigromaculatus* 别名：黑斑蛙

分类地位	两栖纲 AMPHIBIA 无尾目 ANURA 蛙科 Ranidae	
保护级别	未列入	贸易类型 活体
分 布	中国多省（区）广泛分布；俄罗斯、日本、朝鲜等	

1 cm

◉ **鉴别特征** 头长大于头宽，鼓膜大而明显，自吻端沿吻棱至颞褶处有一条黑纹；体色多呈黄绿色或灰褐色，体背及体侧有黑色斑点，背面皮肤较粗糙，间有长短不一的肤棱，背侧褶明显；腹面光滑、浅肉色；四肢有褐绿色横纹，股后侧有褐绿色云斑，指、趾末端钝尖、无横沟。

斑腿泛树蛙 *Polypedates megacephalus*

分类地位	两栖纲AMPHIBIA无尾目ANURA树蛙科Rhacophoridae
保护级别	国家"三有"
分 布	广东、广西、海南等；泰国、柬埔寨、老挝等

贸易类型 活体

◉ **鉴别特征** 体窄长而扁；头部扁平，头长大于头宽或相等，吻棱明显，鼓膜显著；体背黄绿色，背面常有"X"形斑纹或呈纵条纹，有的仅散有深色斑点；腹面乳白色，咽喉部有褐色斑点，体腹面有扁平的疣，咽部、胸部的疣较小，腹部的疣大且稠密；股后有网状花斑，指、趾末端具吸盘，吸盘背面具"Y"形迹。

墨西哥钝口螈 *Ambystoma mexicanum* 别名：六角恐龙

分类地位	两栖纲 AMPHIBIA 有尾目 CAUDATA 钝口螈科 Ambystomatidae
保护级别	核准为国家二级（仅限野外种群）、CITES 附录 II **贸易类型** 活体
分　布	墨西哥

◉ **鉴别特征**　野生型的体色通常呈深灰色或黑色，但在人工养殖条件下体色变化较大；头部宽大，头圆眼小，有3对羽状外鳃；体侧有明显肋间沟，皮肤光滑无鳞；腿短，前肢四指、后肢五趾；尾部长且侧扁；背鳍由头背向后延伸于尾端。

虎纹钝口螈 *Ambystoma tigrinum*

分类地位	两栖纲 AMPHIBIA 有尾目 CAUDATA 钝口螈科 Ambystomatidae
保护级别	非保护　　　　　　　**贸易类型** 活体
分　布	北美洲

◉ **鉴别特征**　头部大，眼小，吻端钝圆；皮肤光滑无鳞，体呈黄色，具不规则的黑色斑纹或条纹；腹部颜色较浅，有明显肋间沟；四肢发达；尾部长。

大鲵 *Andrias davidianus* 别名：娃娃鱼

分类地位	两栖纲 AMPHIBIA 有尾目 CAUDATA 隐鳃鲵科 Cryptobranchidae

保护级别 国家二级（仅限野外种群）、CITES 附录 I **贸易类型** 活体

分　布 广东、广西、湖南等

◉ 鉴别特征 体大，身体前部扁平，至尾部逐渐转为侧扁；头部扁平、钝圆，头部背、腹面小疣粒成对排列，口大，眼不发达，无眼睑；体表光滑，体色多呈棕褐色或灰褐色，具斑纹或斑纹不显，体两侧有明显的皮肤褶；身体腹面颜色浅淡；四肢粗短，指、趾基部具蹼迹。

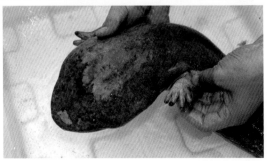

东方蝾螈 *Cynops orientalis* 别名：中国火龙

分类地位 两栖纲 AMPHIBIA 有尾目 CAUDATA 蝾螈科 Salamandridae

保护级别 未列入 贸易类型 活体

分 布 安徽、湖北、湖南等

⊙ **鉴别特征** 头部扁平，吻端钝圆，唇褶显著，头背面两侧无棱脊；躯干圆柱状，体背面光滑，身体和四肢均为黑色，体背中央无脊棱或微弱，无肋沟；体腹面光滑、呈鲜橙红色或朱红色，有黑色斑点；四肢细长，指、趾基部无蹼；尾侧扁，尾末端钝圆。

香港瘰螈 *Paramesotriton hongkongensis*

分类地位	两栖纲 AMPHIBIA 有尾目 CAUDATA 瘰螈科 Salamandridae
保护级别	国家二级、CITES 附录 II **贸易类型** 活体
分 布	广东、香港

⊙ **鉴别特征** 头部扁平, 吻端平截, 唇褶较显著, 头侧有腺质脊棱; 通体黑褐色, 背脊中线色浅, 体两侧疣粒较大, 形成纵棱; 体腹面有细沟纹, 腹面具橘红色圆斑、大小较为一致、分布均匀; 前肢4指, 后肢5趾, 指、趾基部无蹼; 尾侧扁、尾短于头体长。

红瘰疣螈 *Tylototriton shanjing*

分类地位	两栖纲 AMPHIBIA 有尾目 CAUDATA 蝾螈科 Salamandridae
保护级别	国家二级、CITES 附录 II
贸易类型	活体、干制品
分 布	云南；泰国、缅甸

◉ **鉴别特征** 头部扁平，吻端钝圆或平截，头背面两侧棱脊显著隆起，后端向内弯曲；体背面及侧面棕黑色，全身布满疣粒，体背部脊棱宽平，两侧各有 14～16 枚圆形瘰粒呈纵排列，头部、背部脊棱、体侧瘰粒、尾部、四肢、肛周围均为棕红色或棕黄色；四肢发达，尾基部宽厚、向后侧扁。

参考文献

蒂姆·哈利迪，2018. 蛙类博物馆［M］. 蒋珂，吴耘珂，任金龙，等译. 北京：北京大学出版社.

费梁，2020. 中国两栖动物图鉴（野外版）［M］. 郑州：河南科学技术出版社.

黎振昌，肖智，刘少容，2011. 广东两栖动物和爬行动物［M］. 广州：广东科技出版社.

刘凌云，郑光美，2009. 普通动物学［M］. 4版. 北京：高等教育出版社.

马克·奥谢，蒂姆·哈利戴，2007. 两栖与爬行动物［M］. 王跃招，译. 北京：中国友谊出版社.

齐硕，2019. 常见爬行动物野外识别手册［M］. 重庆：重庆大学出版社.

史海涛，2011. 中国贸易龟类检索图鉴［M］. 修订版. 北京：中国大百科全书出版社.

万自明，孟宪林，刘敏，等，2004. 野生动植物执法［M］. 北京：中国林业出版社.

王剀，任金龙，陈宏满，等，2020. 中国两栖、爬行动物更新名录［J］. 生物多样性，28（2）：189–218.

中国野生动物保护协会，1999. 中国两栖动物图鉴［M］. 郑州：河南科学技术出版社.

中国野生动物保护协会，2002. 中国爬行动物图鉴［M］. 郑州：河南科学技术出版社.

中华人民共和国濒危物种进出口管理办公室，2004. 中国野生动植物进出口管理文件汇编［M］. 哈尔滨：东北林业大学出版社.

周婷，李丕鹏. 2013. 中国龟鳖分类原色图鉴［M］. 北京：中国农业出版社.

RHODIN A G J，IVERSON J B，BOUR R，et al，2021. Turtles of the world: annotated checklist and atlas of taxonomy, synonymy, distribution, and conservation status［M］. 9th ed. Arlington: Chelonian Research Foundation and Turtle Conservancy.

附录 两栖爬行动物历年保护级别

序号	物种	1988年版国家重点		2021年版国家重点		2000年版国家"三有"	2023年版国家"三有"	农渔发[2001]8号（CITES附录水生保护动物核准）		农业农村部公告第69号（CITES附录水生保护动物核准）		农业农村部公告第491号（CITES附录水生保护动物核准）		2013年版CITES附录			2017年版CITES附录			2019年版CITES附录			2023年版CITES附录		
		国家一级	国家二级	国家一级	国家二级			国家一级	国家二级	国家一级	国家二级	国家一级	国家二级	附录I	附录II	附录III	附录I	附录II	附录III	附录I	附录II	附录III	附录I	附录II	附录III
1	短吻鼍							✓		✓			✓	✓			✓			✓			✓		
2	暹罗鳄							✓		✓			✓	✓			✓			✓			✓		
3	变色树蜥						✓																		
4	横纹长鬣蜥																								
5	蜡皮蜥				✓	✓																			
6	长鬣蜥				✓	✓																		✓	
7	刺尾蜥														✓			✓			✓			✓	
8	盔甲避役														✓			✓			✓			✓	
9	睑角守宫																								
10	耳多趾虎																								
11	多趾虎																								
12	斑睑虎																								
13	大壁虎		✓		✓													✓			✓			✓	
14	黑疣大壁虎		✓		✓																				
15	钝尾毒蜥																				✓			✓	
16	黑拟尾蜥																							✓	

153

（续表）

序号	物种	1988年版国家重点 国家一级	1988年版国家重点 国家二级	2021年版国家重点 国家一级	2021年版国家重点 国家二级	2000年版国家"三有"	2023年版国家"三有"	农渔发[2001]8号（CITES附录水生保护动物核准）国家一级	农渔发[2001]8号 国家二级	农业农村部公告第69号（CITES附录水生保护动物核准）国家一级	农业农村部公告第69号 国家二级	农业农村部公告第491号（CITES附录水生保护动物核准）国家一级	农业农村部公告第491号 国家二级	2013年版CITES附录 附录I	附录II	附录III	2017年版CITES附录 附录I	附录II	附录III	2019年版CITES附录 附录I	附录II	附录III	2023年版CITES附录 附录I	附录II	附录III
17	犀牛鬣蜥													√			√			√			√		
18	绿鬣蜥					√									√			√			√			√	
19	南草蜥					√																			
20	侏儒刺尾岩蜥																								√
21	巨柔蜥																								
22	粗皮柔蜥																								√
23	细三棱蜥																								
24	鳄蜥	√		√										√			√			√			√		
25	萨尔瓦托巨蜥														√			√			√			√	
26	西非巨蜥														√			√			√			√	
27	尼罗河巨蜥														√			√			√			√	
28	圆鼻巨蜥	√													√			√			√			√	
29	红尾蚺														√			√			√			√	
30	绿蟒蛇						√																		
31	繁花林蛇					√	√																		
32	三索蛇				√	√	√																		
33	王锦蛇					√	√																		

（续表）

序号	物种	1988年版国家重点		2021年版国家重点		2000年版国家"三有"	2023年版国家"三有"	农渔发[2001]8号（CITES附录水生保护动物核准）		农业农村部公告第69号（CITES附录水生保护动物核准）		农业农村部公告第491号（CITES附录水生保护动物核准）		2013年版CITES附录			2017年版CITES附录			2019年版CITES附录			2023年版CITES附录		
		国家一级	国家二级	国家一级	国家二级			国家一级	国家二级	国家一级	国家二级	国家一级	国家二级	附录Ⅰ	附录Ⅱ	附录Ⅲ	附录Ⅰ	附录Ⅱ	附录Ⅲ	附录Ⅰ	附录Ⅱ	附录Ⅲ	附录Ⅰ	附录Ⅱ	附录Ⅲ
34	黑眉锦蛇					✓	✓																		
35	王斑锦蛇					✓	✓																		
36	红尾树栖锦蛇						✓																		
37	黄链蛇					✓	✓																		
38	赤链蛇					✓	✓																		
39	黑背白环蛇					✓	✓																		
40	台湾小头蛇					✓	✓																		
41	红纹滞卵蛇					✓	✓																		
42	紫灰锦蛇					✓	✓																		
43	乌梢蛇					✓	✓																		
44	灰鼠蛇					✓	✓																		
45	翠青蛇					✓	✓																		
46	滑鼠蛇					✓	✓											✓			✓			✓	
47	金环蛇					✓	✓																		
48	银环蛇					✓	✓																		
49	舟山眼镜蛇														✓			✓			✓			✓	
50	眼镜王蛇				✓										✓			✓			✓			✓	

155

（续表）

序号	物种	1988年版国家重点 国家一级	国家二级	2021年版 国家一级	国家二级	2000年版"三有"	2023年版"三有"	农渔发〔2001〕8号（CITES附录水生保护动物核准）国家一级	国家二级	农业农村部公告第69号（CITES附录水生保护动物核准）国家一级	国家二级	农业农村部公告第491号（CITES附录水生保护动物核准）国家一级	国家二级	2013年版CITES附录 附录Ⅰ	附录Ⅱ	附录Ⅲ	2017年版CITES附录 附录Ⅰ	附录Ⅱ	附录Ⅲ	2019年版CITES附录 附录Ⅰ	附录Ⅱ	附录Ⅲ	2023年版CITES附录 附录Ⅰ	附录Ⅱ	附录Ⅲ
51	铅色水蛇					✓																			
52	中国水蛇					✓																			
53	黄斑渔游蛇					✓	✓																		
54	颈棱蛇					✓	✓																		
55	北方颈槽蛇					✓	✓																		
56	赤链华游蛇					✓	✓																		
57	乌华游蛇					✓	✓																		
58	横纹钝头蛇					✓	✓																		
59	网纹蟒				✓											✓			✓			✓			✓
60	绿树蟒															✓			✓			✓			✓
61	蟒蛇			✓												✓			✓			✓			✓
62	球蟒															✓			✓			✓			✓
63	非洲岩蟒															✓			✓			✓			✓
64	泰国圆斑蝰				✓																				
65	尖吻蝮					✓	✓																		
66	短尾蝮					✓	✓																		
67	原矛头蝮					✓	✓																		

(续表)

序号	物种	1988年版国家重点·国家一级	1988年版·国家二级	2021年版国家重点·国家一级	2021年版·国家二级	2000年版"三有"	2023年版"三有"	农渔发[2001]8号(CITES附录水生保护动物核准)·国家一级	农渔发·国家二级	农业农村部公告第69号(CITES附录水生保护动物核准)·国家一级	第69号·国家二级	农业农村部公告第491号(CITES附录水生保护动物核准)·国家一级	第491号·国家二级	2013年版CITES附录Ⅰ	附录Ⅱ	附录Ⅲ	2017年版CITES附录Ⅰ	附录Ⅱ	附录Ⅲ	2019年版CITES附录Ⅰ	附录Ⅱ	附录Ⅲ	2023年版CITES附录Ⅰ	附录Ⅱ	附录Ⅲ
68	两爪鳖								✓		✓		✓		✓			✓			✓			✓	
69	红腹侧颈龟																								
70	希氏蟾头龟				✓																				
71	绿海龟			✓										✓			✓			✓			✓		
72	玳瑁			✓										✓			✓			✓			✓		
73	拟鳄龟								✓							✓			✓			✓		✓	
74	大鳄龟								✓							✓			✓			✓		✓	
75	锦龟																								
76	斑点水龟								✓		✓		✓		✓			✓			✓			✓	
77	钻纹龟								✓		✓		✓		✓			✓			✓			✓	
78	卡罗来纳箱龟								✓		✓		✓		✓			✓			✓			✓	
79	黄耳龟																								
80	马来闭壳龟								✓		✓		✓		✓			✓			✓			✓	
81	布氏闭壳龟						✓		✓		✓		✓							✓			✓		
82	黄缘闭壳龟					✓	✓														✓			✓	
83	黄额闭壳龟					✓	✓													✓			✓		
84	百色闭壳龟								✓		✓		✓		✓			✓			✓			✓	

（续表）

序号	物种	1988年版国家重点保护		2021年版国家重点		2000年版"三有"	2023年版国家版"三有"	农渔发[2001]8号（CITES附录水生保护动物核准）		农业农村部公告第69号（CITES附录水生保护动物核准）		农业农村部公告第491号（CITES附录水生保护动物核准）		2013年版CITES附录			2017年版CITES附录			2019年版CITES附录			2023年版CITES附录		
		国家一级	国家二级	国家一级	国家二级			国家一级	国家二级	国家一级	国家二级	国家一级	国家二级	附录I	附录II	附录III	附录I	附录II	附录III	附录I	附录II	附录III	附录I	附录II	附录III
85	锯缘闭壳龟				✓	✓			✓		✓				✓			✓			✓			✓	
86	三线闭壳龟		✓		✓				✓		✓				✓			✓			✓			✓	
87	黑池龟			✓										✓			✓			✓			✓		
88	日本地龟		✓						✓		✓				✓			✓			✓			✓	
89	地龟				✓	✓			✓		✓				✓			✓			✓			✓	
90	庙龟								✓		✓				✓			✓			✓			✓	
91	大东方龟								✓		✓				✓			✓			✓			✓	
92	安南龟						✓		✓		✓			✓			✓			✓			✓		
93	日本拟水龟				✓				✓		✓				✓			✓			✓			✓	
94	黄喉拟水龟				✓		✓		✓		✓				✓			✓			✓			✓	
95	黑颈乌龟				✓		✓		✓		✓				✓			✓			✓			✓	
96	乌龟				✓		✓		✓		✓	✓				✓			✓			✓			✓
97	花龟				✓		✓	✓			✓	✓				✓			✓			✓			✓
98	三脊棱龟									✓		✓		✓			✓			✓			✓		
99	黑山龟										✓	✓			✓			✓		✓			✓		
100	印度泛棱背龟										✓				✓			✓		✓			✓		
101	斑腿木纹龟																							✓	

（续表）

序号	物种	1988年版国家重点		2021年版国家重点		2000年版国家"三有"	2023年版国家"三有"	农渔发[2001]8号（CITES附录水生保护动物核准）		农业农村部公告第69号（CITES附录水生保护动物核准）		农业农村部公告第491号（CITES附录水生保护动物核准）		2013年版CITES附录			2017年版CITES附录			2019年版CITES附录			2023年版CITES附录		
		国家一级	国家二级	国家一级	国家二级			国家一级	国家二级	国家一级	国家二级	国家一级	国家二级	附录I	附录II	附录III	附录I	附录II	附录III	附录I	附录II	附录III	附录I	附录II	附录III
102	眼斑水龟						✓								✓			✓			✓			✓	
103	四眼斑水龟				✓	✓			✓		✓				✓			✓			✓			✓	
104	窄桥匣龟														✓			✓			✓			✓	
105	斑纹动胸龟														✓			✓			✓			✓	
106	哈雷拉动胸龟														✓			✓			✓			✓	
107	三棱麝香龟														✓			✓			✓			✓	
108	刀背麝香龟														✓			✓			✓			✓	
109	平胸龟 *				✓	✓		✓						✓			✓			✓			✓		
110	黄斑侧颈龟								✓		✓		✓		✓			✓			✓			✓	
111	亚达伯拉象龟														✓			✓			✓			✓	
112	辐纹陆龟													✓			✓			✓			✓		
113	马达加斯加陆龟													✓			✓			✓			✓		
114	苏卡达陆龟														✓			✓			✓			✓	
115	红腿陆龟														✓			✓			✓			✓	
116	黄腿陆龟														✓			✓			✓			✓	
117	印度星龟														✓			✓		✓			✓		
118	缅甸星龟													✓			✓			✓			✓		

159

（续表）

序号	物种	1988年版 国家重点保护野生动物		2021年版 国家重点保护野生动物		2000年版国家"三有"	2023年版国家"三有"	农渔发[2001]8号（CITES附录水生保护动物核准）		农业农村部公告第69号（CITES附录水生保护动物核准）		农业农村部公告第491号（CITES附录水生保护动物核准）		2013年版CITES附录			2017年版CITES附录			2019年版CITES附录			2023年版CITES附录		
		国家一级	国家二级	国家一级	国家二级			国家一级	国家二级	国家一级	国家二级	国家一级	国家二级	附录I	附录II	附录III	附录I	附录II	附录III	附录I	附录II	附录III	附录I	附录II	附录III
119	缅甸陆龟				✓										✓			✓			✓			✓	
120	靴脚陆龟				✓										✓			✓			✓			✓	
121	凹甲陆龟		✓	✓											✓			✓			✓			✓	
122	马达加斯加蛛网龟													✓			✓			✓			✓		
123	豹纹陆龟														✓			✓			✓			✓	
124	赫尔曼陆龟														✓			✓			✓			✓	
125	凹爪陆龟	✓													✓			✓			✓			✓	
126	缘翘陆龟														✓			✓			✓			✓	
127	亚洲鳖								✓		✓		✓		✓			✓			✓			✓	
128	鼋	✓		✓											✓			✓			✓			✓	
129	中华鳖																								
130	中华蟾蜍					✓	✓																		
131	黑眶蟾蜍					✓	✓																		
132	圆眼珍珠蛙																								
133	泽陆蛙					✓																			
134	虎纹蛙			✓																					
135	小棘蛙					✓																			

(续表)

序号	物种	1988年版国家重点		2021年版国家重点		2000年版国家"三有"	2023年版国家"三有"	农渔发[2001]8号（CITES附录水生保护动物核准）		农业农村部公告第69号（CITES附录水生保护动物核准）		农业农村部公告第491号（CITES附录水生保护动物核准）		2013年版CITES附录			2017年版CITES附录			2019年版CITES附录			2023年版CITES附录		
		国家一级	国家二级	国家一级	国家二级			国家一级	国家二级	国家一级	国家二级	国家一级	国家二级	附录I	附录II	附录III	附录I	附录II	附录III	附录I	附录II	附录III	附录I	附录II	附录III
136	棘胸蛙					✓																			
137	绿雨滨蛙																								
138	蜡白猴树蛙																								
139	非洲牛箱头蛙						✓																		
140	海南湍蛙				✓	✓																			
141	沼水蛙					✓																			
142	牛蛙																								
143	黑斑侧褶蛙					✓																			
144	斑腿泛树蛙					✓	✓																		
145	墨西哥钝口螈								✓		✓		✓		✓			✓			✓			✓	
146	虎纹钝口螈																								
147	大鲵				✓									✓			✓			✓			✓		
148	东方蝾螈				✓	✓																			
149	香港瘰螈				✓	✓									✓			✓			✓			✓	
150	红瘰疣螈				✓																			✓	

注：1. 1988年版国家重点：指1988年12月10日经国务院批准的《国家重点保护野生动物名录》（中华人民共和国林业部、中华人民共和国农业部令第1号，自1989年1月14日起施行），目前该文件已失效。

2. 2021年版国家重点：指2021年1月4日经国务院批准的《国家重点保护野生动物名录》（国家林业和草原局、农业农村部公告2021年第3号，自2021年2月1日起施行）。

3. 2000年版国家"三有"：指《国家保护的有益的或者有重要经济、科学研究价值的陆生野生动物名录》（国家林业局令第7号，自2000年8月1日起施行），目前该文件已失效。

4. 2023年版国家"三有"：指《有重要生态、科学、社会价值的陆生野生动物名录》（国家林业和草原局公告2023年第17号，自2023年6月26日起施行）。

5. 农渔发（2001）8号（CITES附录水生保护动物核准）：自2001年4月9日起生效，目前该文件已失效。

6. 农业农村部公告第69号（CITES附录水生保护动物核准）：自2018年10月9日起生效，目前该文件已失效。

7. 农业农村部公告第491号（CITES附录水生保护动物核准）：自2021年11月16日起生效。

8. 2013年版CITES附录：指CITES附录I、附录II和附录III，自2013年6月12日起生效，目前该附录已失效。

9. 2017年版CITES附录：指CITES附录I、附录II和附录III，自2017年4月4日起生效，目前该附录已失效。

10. 2019年版CITES附录：指CITES附录I、附录II和附录III，自2019年11月26日起生效，目前该附录已失效。

11. 2023年版CITES附录：指CITES附录I、附录II和附录III，自2023年2月23日起生效。

12. 平胸龟*：该物种自其列入CITES附录II至2013年6月12日期间被核准为国家二级，2013年6月12日后被列入CITES附录I，核准为国家一级。